第二版

# PRATIQUES TRADUCTIVES DU FRANÇAIS DES TECHNOLOGIES

# 工程技术法语 翻译实务

沈光临 著

东华大学出版社·上海

图书在版编目 (CIP) 数据

工程技术法语翻译实务 / 沈光临著 . —2 版 .—上海：
东华大学出版社，2019.1
ISBN 978-7-5669-1544-3

Ⅰ. ①工… Ⅱ. ①沈… Ⅲ. ①工程技术—法语—翻译
Ⅳ. ①TB

中国版本图书馆 CIP 数据核字（2019）第 019614 号

| 工程技术法语翻译实务<br>Pratiques traductives du français<br>des technologies | 沈光临　著 | 责任编辑　沈　衡<br>版式设计　顾春春<br>封面设计　ZANDY |
| --- | --- | --- |

东华大学出版社

上海市延安西路 1882 号，200051
网址：http://www.dhupress.net
淘宝店：http://dhupress.taobao.com
天猫旗舰店：http://dhdx.tmall.com
营销中心：021-62193056　62373056　62379558
投稿信箱：83808989@qq.com
上海盛通时代印刷有限公司印刷

开本 850 mm×1168 mm　1/32　印张 8.625　字数 244,000　印数 0001-3000 册
2019 年 1 月第 2 版　2019 年 1 月第 1 次印刷

ISBN 978-7-5669-1544-3
定价：40.00 元

# 前言

进入 21 世纪以来，随着我国对外经济技术合作事业的进一步繁荣，我国与法语国家，特别是非洲法语国家的经济合作日益扩大，工程技术法语人才供不应求；顺应时势，各高校法语专业纷纷开设工程技术法语培养方向，使得越来越多的工程技术法语人才走出国门，奔赴外经工作的第一线。但与此同时，国内却鲜有涉及工程技术法语的书籍资料。为弥补此不足，更为了满足高校法语专业教学的需要，也为了满足出国担任工程技术法语译员的需求，作者编著了这本《工程技术法语翻译实务》。

作为工程技术法语领域一本开拓性的书籍，本书在理论上对工程技术法语做了一些有益的探索。对工程技术法语最基本的、普遍性的问题，如什么是工程技术法语，工程技术法语翻译的基本原则进行了讨论。针对工程技术法语培养方向是培养服务于法语国家工程技术项目上的翻译人才，即具备工程技术法语口笔译能力的人才，作者以工程技术法语从业者职业生涯三阶段的发展规律为依据，创造性地提出了"工程技术法语翻译四能力"的概念，即工程技术法语翻译能力由四种基本能力——普通法语知识能力、通用专业术语处理能力、通用专业文件格式翻译处理能力和通用工程技术知识能力构成。围绕这四种能力，本书讨论了工程技术法语翻译的语言控制、体裁控制问题；工程技术的背景知识和专业术语的解释；以及工程技术法语翻译辅助工具和翻译校验技巧；工程技术法语翻译项目管理及工程技术法语翻译能力测评等一系列实际运用问题。

理论建设外，本书最大的特点在其"实用"性：在涉及翻译实践的章节，通过大量实例，对工程技术法语译员在实际工作中可能遇到的各种具体问题进行深入细致地剖析、讲解；对工程技术法语涉及的使用说明书、图纸、标准、招投标书、技术参数、表格、机械文件、工艺流程、定单和概算书、建筑文件、定义、合同、会计报表、保险单、电气文件、仪器仪表文件、项目论证文件等 17 个通用专业领域编写了一对一的平行语料。

基于以上特点，本书既可以作为工程技术法语培养方向的教学用书，也可以作为工程技术法语学习者的自学书籍。对于工程项目译员的译前准备也会非常有帮助。

本书不仅实用性强，而且可操作性高。为方便查阅，本书目录编排详细，近似索引，通过目录，读者就可以快速查到所需要的信息。如能与作者编写的《工程技术法语》一书结合使用，效果更佳，因《工程技术法语》有大量全本的体裁文章，而本书选编的文章仅为节选，但突出重点，分析到位。

本书仅是作者工程技术法语翻译系列书籍计划的开端，后续还有《会计科目法汉互译》《建筑工程法汉互译》《建筑机具法汉互译》《堤坝工程法汉互译》《工程管理法汉互译》《工程采购法汉互译》《工程招投标法汉互译》等分专业书籍，作者希望通过这一系列的书籍的编写，帮助解决工程技术法语翻译中经常可能出现的问题和译前准备的问题。

在编写过程中，作者参考了国内外近年出版的一些有关专著和刊物，李卫东老师为本书的校对做了大量工作，简朴、顾春春、杨丹、金戈以及著名中法文化交流站点"法兰西论坛"的顾董董也对本书的出版提供了许多帮助，在此一并致谢。

工程技术法语是一个新兴的法语培养方向，其发展历史短，理论尚在建立过程中。本书参考资料主要来自实践的第一线，是大量实践经验的总结，由于作者个人水平和经验有限，其中难免有缺点乃至错误，还望读者不吝指正。

沈光临

2018 年 10 月

# 目 录

# 第一章
# 什么是工程技术法语？

根据法语国家国际组织 2014 年统计，全世界有 2.74 亿人讲法语，法语是世界上最通行的两种语言之一。全世界有 50 多个国家和地区使用法语，其中非洲就有 30 个法语国家 [1]。近年来，中国的法语学习者在逐年增加，每年各大学的法语专业招收的学生人数近万人，这还不包括社会培训机构的学员。法语在中国快速发展的原因主要缘于国家对外经济技术合作快速发展的需要，尤其是与以非洲国家为主的法语国家经济技术合作的需要。

改革开放以来，中国在法语国家的项目逐渐增多，中法合资合作领域不断扩大，大量法语从业者走进了国家对外经济技术合作的领域。与此同时，工程技术法语和专门用途法语成为了法语界讨论的热点。但是，我们也发现许多人将工程技术法语与专门用途法语中的经贸法语混为一谈。其实，工程技术法语和专门用途法语的各个分支在语用功能、能力要求、习得目标上都有许多差异，因此，我们必须首先厘清什么是工程技术法语。

## 1.1 工程技术法语概念的产生

根据现有文献，法国从 20 世纪 20 年代就产生了专门用途法语，最早是军事法语，主要用于殖民战争中教授土著士兵法语，便于作战和训练

---

1  http://www.ladocumentationfrancaise.fr/dossiers/d000124-la-francophonie/les-francophones-dans-le-monde

沟通，而后根据外交、军事、科技和教育的需要，甚至为了与英语抗争的需要，又先后产生并经历了专门法语、工具法语、功能法语、专门用途法语和职业语言法语等多个历史阶段。虽然有专门用途法语的存在和发展，但迄今法国并没有出现过工程技术法语。究其原因，是因为法国没有产生工程技术法语的土壤。

工程技术法语是适应我国的社会经济发展而产生的法语专业的人才培养方向之一。具体地说，它是本世纪以来，随着我国与法语国家，特别是非洲法语国家经济交流与合作的深入，大量需要工程技术法语人才而应运而生的。工程技术法语着重培养在国际经济技术交流与合作中能应用法语在合作双方之间进行良好沟通的人才，其主要内容包括应用于各种工程技术合作项目中的法语术语、习语、体裁和语法特点。学习工程技术法语不仅要具备法语基础知识，也需要掌握工程技术基础知识。其目的是应用工程技术法语的知识和能力解决我国与法语国家经济技术合作和交流的沟通问题，有效和准确地传达中文和法文发话者和受话者之间的信息。

## 1.2 工程技术法语与普通法语

普通法语在法语中被称为"le français dit'général'"，有时也称为标准法语（le français dit"standard"），即人们在日常生活和工作中使用的法语。工程技术法语主要用于我国在法语国家开展的经贸项目和中法合资合作以及引进项目上。它是标准法语的延伸和精准化的结果。标准法语是工程技术法语的基础，没有标准法语作基础，就谈不上工程技术法语的掌握。要掌握工程技术法语，必须先掌握标准法语，因为标准法语的语法句法也被工程技术法语采用，即使工程技术法语在语言特点上有不小的差异。

不过，工程技术法语也有自己的特点，与标准法语有不少的差异之处。学好了标准法语并不意味着就掌握了工程技术法语，因为工程技术法语有自己的语言规律，而且还有自己的语境和在某个专业下的专门表意。

## 1.3 工程技术法语与专门用途法语（FOS）

### 1.3.1 专门用途法语

FOS（le français sur objectifs spécifiques）是指"专门用途法语"。"专门用途法语"教学法的专家——阿尼·科特波[2]（Hani Qotb）在他的网站中是这样描述的：Le FOS est l'abréviation de l'expression « Français sur Objectifs Spécifiques ». Il s'agit d'une branche de la didactique du FLE, qui s'adresse à toute personne voulant apprendre le français dit « général ». Par contre, le FOS est marqué par ses spécificités qui le distinguent du FLE. La principale particularité de FOS est certainement ses publics. Ceux-ci sont souvent des professionnels ou des universitaires qui veulent suivre des cours en français à visée professionnelle ou universitaire. Donc, il veut apprendre non LE français mais plutôt DU français pour réaliser un objectif donné.[3]（译文：FOS 是"专门用途法语"的缩写。是对外法语教学的一个分支，而对外法语教学针对的是想学所谓"普通"法语的所有人。然而，"专门用途法语"因为其专业性，所以与"对外法语"不同。"专门用途法语"的最大特点是其受众。他们往往是专业人员或在校大学生，他们因为职业的需要或上大学的目的而上法语课。所以，他们希望学习的不是普通意义的法语，而是为实现某个特定目标所需要的那部分法语。）

专门用途法语之下有很多分支，如旅游法语、外经法语、外贸法语、美食法语、法律法语、医学法语等。

### 1.3.2 工程技术法语（FT）与专门用途法语（FOS）的差异

虽然工程技术法语（le français des technologies，简称 FT) 借鉴了专门用途法语的许多研究成果，但在目的、内容、受众、使用、能力要求、

---

2　阿尼·科特波（Hani Qotb）法国蒙彼利埃三大的语言学博士，专著 *Vers une didactique du français sur objectifs spécifiques*.

3　http://www.le-fos.com 蒙彼利埃三大关于 FOS 研究的专门网站，由著名语言教育学专家阿尼·科特波（Hani Qotb）领导。

准确性、预见性、教学等方面，工程技术法语与专门用途法语的差异都很大。要学好、用好工程技术法语，就必须认真研究这些差异，以免混淆，避免走弯路。

#### 1.3.2.1 目的上的差异

FT 是习得在我国与法语国家合作的工程技术项目上出任翻译的能力。

FOS 学习的目的在现阶段主要有三个：与法语国家的人进行经济贸易文化活动；到法语国家读书学习专业知识；在法语国家找工作。如：开诊所、读航天工程研究生的中国留学生、到法国汽车工厂打工的非洲马格里布地区的人等。

#### 1.3.2.2 内容上的差异

FT 传授的是在我国对外工程项目和引进项目上都能用得上的知识。项目种类繁多，不可能对每个项目进行深入的教学，而是学习每个项目都会牵涉到的通用知识。如：标准、机械、电力、仪表等。比如，中国在马里援建有糖厂、烟厂、药厂、火柴厂、茶厂、纺织厂等，不可能深入到每个项目去学习它的工艺流程和专业词汇集，但机械原理、电气原理、标准规范等是相通的，这方面的知识就是 FT 要传授的。FT 所要传授的另一个内容是文件形式，工程项目上所涉及的大多数文件形式，如流程描述、招投标书、使用说明书、产品检验报告和财务报表等都是 FT 涵盖的内容。

FOS 在内容上只涉及学习者本人所需要掌握的专业技术法语知识。如做棉花生意的商人只需学习棉花贸易涉及的商务法语和棉花专业法语术语，读航天工程的中国留学生只需掌握航天专业的法语，在汽车工厂上班的马格里布人只需学会在相关工作和生活中进行沟通必备的法语。

#### 1.3.2.3 受众的差异

FT 的受众是中国大学法语专业中的部分大学生。

FOS 的受众有三类：进行经济贸易文化活动的非法语国家的人、赴法国进入专业学习的留学生（如：学音乐）、到法国打工的非法语国家的人。

#### 1.3.2.4 使用路径的差异

FT 的使用路径：

发话人（法语的专业技术人员）→受话人（法语译员）→语言转换过程→发话人（法语译员）→受话人（汉语的专业技术人员），即法语→汉语；或者反之：汉语→法语。

FOS 的使用路径（按三类受众举例）

第一类受众的路径（以游客为例）：

发话人（用法语讲解的导游）→受话人（法语为沟通语言的游客），即法语→法语

第二类受众的路径（以航天工程专业留学生为例）：

发话人（用法语授课的教师）→受话人（学生），即法语→法语

第三类受众的路径（以汽车厂工人为例）：

发话人（说法语的班组长）→受话人（移民工人）即：法语→法语

从上面我们可以看出，在使用过程中，FT 必须经历汉法两种语言间的转换，其路径是从一种语言形式到另一种语言形式，是两种语言的双向沟通，而 FOS 则仅通过法语进行沟通、交流，它的路径是同一种语言的单向传递。

#### 1.3.2.5 对语言能力要求的差异

根据《欧洲语言共同参考框架》对语言能力的评估标准[4]，参照我国教育部颁布的高等学校法语专业教学大纲对翻译能力的要求，我们可把法语的语言能力要求归纳为五种：

| | |
|---|---|
| Production écrite | 听 |
| Compréhension orale | 说 |
| Compréhension écrite | 读 |
| Production écrite | 写 |
| Traduction ou interprétation | 译 |

---

4　欧洲理事会文化合作教育委员会.欧洲语言共同参考框架.刘骏，傅荣，译.北京：外语教学与研究出版社，2008：221—229。

从实际语言场景的角度来分析，FT 和 FOS 对语言能力的要求有着明显不同：

FT 在实际运用中主要是在中外合资工程技术项目现场进行翻译工作。作为沟通桥梁的译员，要看懂各种工程文件，必须具备读的能力；要参与各种谈判，需具备听说的能力；要撰写报告，要发出通知等，需要写的能力。翻译能力更是必不可少。所以对工程技术法语而言，听说读写译这五项语言能力要求都必须具备。

而 FOS 在实际运用中对语言能力的要求相对单一。如旅游法语主要是给顾客介绍景点，涉及的主要是说的能力，几乎接触不到翻译需求。有时与游客进行的交流，虽然需要听的能力，但也常常属于基础法语的范畴，不属于旅游法语的范畴。即使有的 FOS 分支中对语言能力要求相对高些，也不及 FT 对语言能力要求如此全面。如经贸法语仅需听说的能力，不需要翻译的能力。现在有很多人混淆了经贸法语和工程技术法语。经贸法语（le français des affaires）介绍企业的运转流程，介绍企业的各个部门，是针对想在法国企业打工的人员准备的，学了之后才能融入法国企业的文化和工作。所以主要需要的是听说能力，而非读写和翻译能力。从目前能找到的法语经贸教材，就可以证明这一点。

### 1.3.2.6 准确性的差异

准确是每种语言都需要的，翻译与沟通都需要力求准确。但就准确性问题带来的后果而言，FOS 与 FT 存在极大的差异。FOS 出现准确性问题一般不会造成严重后果：比如法语导游将唐朝说成宋朝，最多说他不够尽职；留学生将作业写错，可能导致学业成绩受影响。但 FT 就完全不一样，如果工程技术法语译员把气压、电压、温度等任何一个数据译错都可能造成不可估量的经济损失，甚至危及生命安全，造成极大的损失。所以，与 FOS 相比，FT 对准确性的要求更高。

### 1.3.2.7 可预见性的差异

一般情况下，FT 的可预见性比 FOS 要差。

如，在工程技术法语的翻译工作中，译员可能知道第二天要谈锅炉的维修，但无法预知怎么修，换什么零件、是用什么工具、用什么方法，讨论中可能出现的不同意见是什么。也就是说，虽然可以提前准备，但能准备的内容有限，无法预知准确的交谈内容。

就 FOS 的旅游法语而言，旅游行程相对固定，第二天的行进路线，要参观的景点，具体时间安排都很清楚，不仅可以进行准备，而且甚至可以根据行程安排细化讲解内容的多少、深浅等，大部分内容是可以预见的。

### 1.3.2.8 教学上的差异

FOS 在教学上与基础法语教学基本差不多，更多的还是语言知识的传授，仅是在内容上有所不同，如旅游法语所传授的知识仅是从文学文章变成了景点介绍，大多数老师都可以驾驭。

FT 针对不同的内容，要采取不同的教学方法。在本科阶段涉及到行业专业方面知识的文本，如采油，应采取"任务型"教学法，而对仅涉及通用专业知识、不涉及行业专业知识的文本，则采取"语法翻译法"。对机械内容和其它有具体性状的内容可采取"自然教学法"，对与学生中学阶段学过的知识有关的内容，应采取"演绎法"；结合未来实际的工作状态，要充分利用电脑和网络的资源等。

FT 必须采用专门的符合教学目的的教材，不能把法国的各种"经贸法语"教材作为工程技术法语的教材。否则就会出现不能学以致用的情况。什么是合理的工程技术法语教材？合理的工程技术法语教材必须是采用真实素材 (document authentique)，即在各种工程技术项目的实际工作中可能用到的文件所构成的教材，不能是使用科技法语类型的科普文章所构成的教材。也就是说，教材应该采用诸如《XXX 使用说明书》《XXX安装标准》《XXX 生产流程》等实际工程技术类文章，而不能采用类似于《留声机怎么能发出声音？》《怎样种水稻？》这类普及科技知识的文章。

FT 的教师必须是双师型教师，既是工程技术法语译员，又是懂外语教学法的老师，否则难以驾驭这门课程。如果不具备这类条件，至少要经过相关的培训，才能上岗。

### 1.3.2.9 学习上的差异

FOS 和 FT 的学习要求是不一样的，因为 FT 要培养的是工程技术法语翻译人才，FOS 是对具有专业知识或将学习专业知识、从事专业工作的受众教授的法语，如为工程师、技术人员、商人或导游等教授法语。因而对学习者而言，FOS 和 FT 在学习方法、学习时间、学习内容以及习得能力方面是不同的。

### 1.3.2.10 前景的差异

工程技术法语译员的职业生涯轨迹通常是：项目译员→翻译组长→翻译专项负责人→项目经理→最后多种职业前景：经理、企业家、代办等等。例如，由于必须理解相关知识才能做到准确翻译的职业特点，一名供销处长的译员，会因长期从事供销业务的翻译工作而逐渐掌握了供销知识和能力，而最终成长为供销处长等管理人员。

FOS 的前景也很好，但我们法语专业工程技术法语方向的学生不属于 FOS 所涉及的三类人：商人、留学生、移民。当然毕业后，如果要去留学，学习其它学科的知识，就应该学相关学科的 FOS。如要去法国蓝带学院学习，就应该学习 FOS 的分支之一：美食法语。

## 1.4 工程技术法语在我国的历史与现状

中国的法语教学早在 1863 年 [5] 就开始了，但要追溯"专门用途法语"在中国的发端的确很难。不过我们可以通过对建国后出版的几本专业法语教材的分析，了解一二。

1979 年 9 月商务印书馆出版的陈振尧、向奎观编写的《科技法语选

5 曹德明、王文新 . 中国高校法语专业发展报告 . 北京：外语教学与研究出版社 . 2011.（p3）

读》，文章内容是科普文章，如，第一课《最古老的地震仪》、第十一课《如何种水稻？》、第十六课《配尼西林是怎么发现的？》等等。每课都配有语法，全书系统讲解语法。就这样的教学内容安排而言，该书应该是针对没有法语基础的工程技术人员。因为他们懂技术，目的是学习法语语言知识，从而读懂法语科技文章。

此后，商务印书馆分别于 1979 年 10 月和 1980 年出版了刘永康编写的《科技法语基础课本》和张世鉴编写的《科技法语课本》。这三本教材大同小异，开创了我国专门用途法语的先河。

进入本世纪后，各个高校针对法语人才市场需求开设了各类专门用途法语的课程，根据教育部法语教学指导委员会于 2009 年的统计，各大学法语专业开设的"专门用途法语课程有：旅游法语、经贸法语、商务法语、国际贸易实务、商贸法语、科技法语和科技法语阅读。使用的教材一般是对外经贸大学出版社的《商务法语》、外研社《实用经贸法语》，以及法国原版教材 *Affaire à suivre*、*Exporter*、《经济与企业法语》等，但更多是自己选编的讲义。

以上是关于专门用途法语的历史和现状。

虽然工程技术法语在具体的涉外工程项目中存在，随着我国本世纪以来与法语国家经贸合作的发展以及工程技术法语培养方向在我国各高校的相继设立，工程技术法语也为越来越多的人所熟知，工程技术法语的概念越来越清晰，但是就目前而言，还没有任何的相关理论研究和总结，也查不到任何系统地介绍工程技术法语或提炼其规律的文献。工程技术法语是客观需要的，尤其随着我国涉外经济的蓬勃发展，这种需求越来越大，所以工程技术法语需要得到更加广泛和深入的研究。

## 1.5　工程技术法语面临的挑战与机遇

从一定意义上讲，工程技术法语是跨学科的，不仅牵涉到法语语言知识，而且还牵涉到广泛的工程技术和项目知识。就目前而言，几乎没有多少相关资料和文献可以参考。再加之工程技术本身涉及面广，怎样归纳总结出与其结合紧密的工程技术法语规律性的东西，是一项非常艰巨的工作，也是无法逃避的巨大挑战。

另一方面，随着社会对工程技术法语人才需求的不断扩大，工程技术法语也迎来了发展机遇。目前我国社会上有这样一个现象：高校法语专业的毕业生抱怨找不到工作，而用人单位，特别是涉及大量工程技术法语翻译的单位却苦叹找不到合格的译员。正是这种供求悖论现象促成了工程技术法语的诞生。因为国家的经济发展，特别是与非洲法语国家经济合作的发展，给掌握工程技术法语的人才提供了前所未有的机会，也为工程技术法语的发展提供了广阔的前景。

# 第二章
# 工程技术法语的几个基本问题

　　工程技术法语产生的背景主要在于中非关系的发展，而非法国在世界的影响。非洲国家在促成中华人民共和国 1971 年在联合国地位的恢复起到了积极作用，当时的提案发起国有众多的非洲国家，其中的"两阿提案"（阿尔巴利亚和阿尔及利亚等 23 国提案）的"两阿"就有阿尔及利亚；另外还有"几马刚"的提法，就是指在中国恢复联合国地位的过程中发挥积极作用的几内亚、马里和刚果。这些非洲国家在之后发展经济的过程中都得到了我国政府和人民的无私援助，与中国保持着非常友好的关系。20 世纪 50 到 80 年代，中国国务院的各个部委承担国家援外任务，在非洲开展了许多援建项目。后来，随着我国经济体制改革，承担这些援建任务的部属司局独立出来，成立了具有法人地位的中央企业公司，在继续承担援外任务的同时，积极开拓国际经济技术合作项目。如今，在非洲各个国家，尤其是在非洲法语国家的能源、工业、农业、土建等各个领域，活跃着许多中国人的身影，因此也就有了对法语人才的旺盛需求，尤其是工程技术法语人才的大量需求。

　　对于中国人而言，工程技术法语产生的历史并不长，为了避免混淆，有必要就几个基本问题进行阐述，以便更好地把握工程技术法语的内涵，从而奠定进一步讨论的基础。

## 2.1 形式与内容并重

形式和内容是语言两个密不可分的组成部分。形式是内容的载体，而内容是形式这一载体所传递的思想。这里所说的载体，是指文体形式或文本格式。不同的载体，会因其文体形式与文本格式上的不同，使得其承载的内容在语言风格上有很大的差异。

文学语言存在着不同的载体，即各种文学体裁（文体形式），体裁不同，其语言特色也有所不同，如小说语言肯定不同于诗歌语言。

工程技术法语也有不同的载体，其主要载体有：产品使用说明书、标准规定、产品检验报告、工艺流程描述、工程技术图纸、装配图、产品材料描述、产品宣传单、定单、定购合同、概算书、可研报告、实验报告、销售合同、财务报表、保险合同、设计报告、招标书、投标书、生产报表、进度表等等。不同的载体语言各异，千差万别：产品标准的语言肯定不同于产品使用说明书的语言，更不同于招标书的语言，图纸语言也不同于表格语言。

进行工程技术法语翻译，仅仅考虑语言的转译是远远不够的，在进行语言内涵传达的同时，还应该掌握其载体的表现形式即文件资料的格式，按文件的标准格式提交译稿。不能把一张施工图翻译变成了一个文字稿，因为在没有图表的情况下，要看懂纯文字的施工资料是非常困难的。所以工程技术法语要探讨的问题不仅局限于语言本身，还应该结合其载体进行讨论。两方面都要重视，不可偏颇。因此，本书不仅要探讨工程技术法语语言结构的控制，也要讨论各种载体的特点和篇章把握，以及其翻译技巧和要求。

## 2.2 工程技术法语的范围

广义上的工程技术法语浩瀚无边，只要在工程项目中所遇到法语都属于工程技术法语的范畴。用一本书把所有涉及工程技术法语翻译的问题讨论完是不可能的，所以需要就工程技术法语的范围做一个界定。

本书所提工程技术法语包括两个方面的内容：基础工程技术法语和重点领域工程专业法语。

基础工程技术法语是指各个行业的国际工程技术项目都可能涉及到的法语。它既包括所有行业都要使用的文件资料格式，也包括各个行业都会涉及的专业基础法语。各个行业都可能采用的文件格式在上一节已作介绍。专业基础法语指的是各个行业都可能用到基础法语：首先它是专业技术法语，但又不局限于某个行业，如仪器仪表、材料、消防、工具、产供销、电气、电机、机械、技术图纸等这些都是各种工程的基础知识，无论是通讯、核电、机械加工还是堤坝这样的工程都会用到与这些基础知识相关的法语就是专业基础法语，即工程技术法语的专业基础法语。

重点领域，主要指使用工程技术法语频率高、项目多的领域。中国与法国、中国与非洲法语国家并不是在所有的行业都有合作，这主要取决于合作双方的社会经济发展的水平和结构。目前中非合作较大和较多的项目主要集中于堤坝、道路、铁路、轻工、矿产、通讯、石油等领域。这些领域才是工程技术法语目前要侧重的行业，以满足国家对外经济合作的需要。所以，我们也可以说工程技术法语是一个实用的、符合国家发展方向的、有无限前景的专业方向。

另外，工程技术法语还会涉及外贸法语的一些范畴。因为一个工程项目从材料组织到交工投入使用都有一个购买、运输、转口、收货的过程，看上去是外贸，实际上是外经工作的一部分。这是工程技术法语特有的现象，不能忽略。

## 2.3 工程技术法语译员不是懂法语的工程师

我们在第一章已经讨论过，工程技术法语不是专门用途法语（FOS）。工程师在工程项目上使用法语，这是专门用途法语。如一个法国工程师使用的法语就是专门用途法语。同样，一个中国工程师能在工程项目中用法语与懂法语的外国工程师沟通，他所使用的法语也是专门用途法语。但后一种假设的美好景象在现实中却很难发现，其原因是中文与法文差异的巨大性以及我国初高中六年普遍开设英语。所以现实的情况是：中国工程师很难驾驭法语，哪怕是基础法语，即使工程技术人员在出国前接受专门用途法语的培训，也很难满足工作的需要。而要达到与说法语的国外工程技术人员的通畅交流与精准合作，就必须依靠专业的工程技术法语翻译人员。所以工程技术法语的使用者是译员，不是工程师。也就是说，研究工程技术法语的前提条件是其使用者是法语从业人员，不是工程师。工程技术法语是研究如何将工程技术的内容准确、快捷地进行中法文互译。

工程师可以从事诸如设计、建造轮船、大楼等技术性工作，工程技术法语译员的作用就是让合作的各方理解这样的设计或施工，而工程技术法语译员不能够自己设计和建造。所以，我们说工程技术法语译员不是懂法语的工程师。

只有厘清这个差别，才能在后面的章节中界定工程技术法语译员应具备的能力以及为此应掌握的知识。

## 2.4 通用专业术语和专门专业术语

工程技术法语涉及的专业众多，其术语的数量也难以统计，而且随着社会经济的发展还会产生新的工程技术法语术语。但根据术语本身的特点，我们可以将其术语分为两类：通用专业术语和专门专业术语。

通用专业术语是指在大多数工程技术类别上都能用到的专业词汇，如温度、压力、含量、浓度、仪器、仪表、供水、供电、产供销等。它是工程技术法语的基础，也是工程技术法语的从业者必须掌握的术语和词汇。没有这个基础，就无法形成工程技术法语的翻译能力。

专门专业术语是指只在某个行业才使用的术语，如油捕、路肩、钠冷快堆等，油捕只是石油开采业使用的词汇，路肩是道桥建设需要的术语，钠冷快堆是核电站的反应堆种类之一。这种术语需要工程技术法语从业人员在进入某个特定领域后，通过不断的工程技术法语翻译实践去扩充和完善，而无需从业前特别的全面准备。事实上，作为工程技术法语的学习者，很难在从业前事先知道所要从事的专业领域，也不具备专门准备的条件。

明确通用专业术语和专门专业术语两者之间的关系对于确定工程技术法语内容，理顺各项知识间的轻重缓急关系都很重要。

同时，这样的分类有助于确立工程技术法语测评的原则。合理的测评应该考察通用专业术语的掌握情况，而非考察专门专业术语的应用水平。

## 2.5 背景知识与工程技术法语翻译的关系

翻译是利用已有知识对原文的再次创作。这里的已有知识就是背景知识。没有背景知识不可能进行工程技术法语的翻译。就像文学翻译，如果没有文学的基础知识和对作家的背景了解，就无法进行有质量的翻译。如果一个工程技术法语译员连什么是闪点、燃点、黏度都不知道，又怎么去重组一篇谈及这些概念的工程技术法语原文，实现翻译？

背景知识可以帮助译者更为快速、准确地理解原文，进行正确翻译和检查译文的逻辑性。从认知学的角度看，对某个知识点的理解必须凭借其原有的知识，迅速找到印证和联系关系，进行比较，才能达到理解。而且任何语言都有缺陷，仅靠语言学知识或者语法词法规则是不可能正确理解原文的。翻译结束后的检查也必须借助背景知识，只有依靠背景知识才能判断译文的内容是否合符逻辑，因为合符逻辑的内容才是正确的译文。综上所述，可见背景知识的重要性。如 *uniquement pour les voitures à essence à injection directe fonctionnant en mélange pauvre* 中的粗体字部分，没有与汽车有关的背景知识，根本无法从大脑中的已有知识中找寻出对应的汉语名称，翻译完后，也无法确认是否与全文的逻辑相符。实际上，它的译文是：（本标准）仅适用于**低混合直喷**汽油车。

又例：

*Les normes Euro demeurent des mesures théoriques, calculées sur des véhicules dépourvus d'**options**, suivant des **cycles standardisés** qui ne sont pas une image représentative de la marche réelle des véhicules sur les routes.*

欧标仍然是理论数据，是根据无**配置**的普通车在**标准转速**（非公路实际驾驶状态）下计算的。

*Les moteurs sont en outre réglés pour respecter la norme dans le cadre légal. **Les valeurs** s'envolent par exemple très rapidement quand les véhicules dépassent les 130 km/h, vitesse maximale autorisée en France.*

引擎也被调到法定标准范围内。比如：如果汽车超过了 130km/h（法国的最高限速），**排放值**会迅速飙升。

值得注意的是：掌握背景知识不是说要成为专家，作为一名译员，在行业背景知识方面有所欠缺，知其然不知其所以然是很正常的情况。如上面的例句，译者能翻译汽车相关文件，但不一定会制造汽车或设计汽车。所以需要把握好背景知识的度：所掌握的背景知识以达到能满足翻译专业文章的程度就是最好的背景知识的度。

长时间的积累是补充和掌握背景知识的必要途径，但正如前面所讲，工程技术法语涵盖了各种行业，这就决定了工程技术法语翻译所要掌握的专业背景知识不可能只局限于某一行业，而且每一行业随时都会有新的知识产生，这些知识工程技术法语译员不可能都完全掌握，所以当译员遇到背景知识不熟的翻译任务时，必须找到能够马上解决问题的办法。

那这个办法是什么呢？那就是：利用互联网。现在的网络包罗万象，很多资料都可以从网上找到，行业背景知识也不例外。具体做法是，在翻译前，找在内容上与所要翻译的材料对等或基本对等的目标语言的相关材料认真阅读，熟悉、掌握相关内容，为准确理解和翻译原材料扫清背景知识障碍。找材料时要注意两点：内容要一致，格式要一致。如，要翻译某个金属零件的材质报告，就应该在目标语言的网站上找金属材料的检测报告，其基本项目是一致的。就会看到 Coefficient de Poisson 不是"鱼系数"，而是"泊松指数"。通过其中的"单位"表达方式、数值的大小很容易找到对应的项目。

如在翻译欧洲尾气排放标准时，就可以参阅中文的尾气排放标准。试看下面三个表中法文和中文的对照：

需要翻译的资料摘要：

## Véhicules à moteur Diesel :

| Norme | Euro 1 | Euro 2 | Euro 3 | Euro 4 | Euro 5 |
|---|---|---|---|---|---|
| Oxydes d'azote (NOX) | - | 700 | 500 | 250 | 180 |
| Monoxyde de carbone (CO) | 2720 | 1000 | 640 | 500 | 500 |
| Hydrocarbures (HC) + NOX] | 970 | 900 | 560 | 300 | 230 |
| Particules (PM) | 140 | 100 | 50 | 25 | 5 |

## Véhicules à moteur essence ou fonctionnant au GPL ou au GNV :

| Norme | Euro 1 | Euro 2 | Euro 3 | Euro 4 | Euro 5 |
|---|---|---|---|---|---|
| Oxydes d'azote (NOX) | 1000 | 500 | 150 | 80 | 60 |
| Monoxyde de carbone (CO) | 2800 | 2200 | 2200 | 1000 | 1000 |
| Hydrocarbures (HC) | 1000 | 500 | 200 | 100 | 100 |
| Particules (PM) | - | - | - | - | 5(*) |

**网上的中文排放标准摘要：**

表 1. ESC 和 ELR 试验限制

| 阶段 | 一氧化碳（CO）g/kWh | 碳氢化合物 (HC) g/kWh | 氮氧化物（$NO_x$）g/kWh | 颗粒物（PM）g/kWh | 烟度 $m^{-1}$ |
|---|---|---|---|---|---|
| Ⅲ | 2.1 | 0.66 | 5.0 | 0.10  0.13[1] | 0.8 |
| Ⅳ | 1.5 | 0.46 | 3.5 | 0.02 | 0.5 |
| Ⅴ | 1.5 | 0.46 | 2.0 | 0.02 | 0.5 |
| EEV | 1.5 | 0.25 | 2.0 | 0.02 | 0.15 |
| (1) 对每缸排量低于 0.75dm$^3$，及额定功率转速超过 3000r/min 的发动机。 | | | | | |

从上面三张表的比较可以看出，只要找对了参阅资料，做到正确翻译根本不是难题，即使你从未有过翻译这类资料的经验。

# 第三章
# 工程技术法语翻译的三个基本原则

历史上我国翻译界讨论最多的是"信达雅"，近期研究翻译主体性的文献非常多。但就其研究的具体对象几乎都是文学作品。而工程技术翻译不能夹杂翻译的主体性，信达雅也毋须全面兼顾，因为工程技术翻译有自己的规律和原则需要遵循。

本书对工程技术法语翻译提出了三个基本原则，当然这不是工程技术法语翻译应遵循原则的全部，而是结合工程技术法语翻译的特点和要求，要特别注意的、最基本的原则：准确性、逻辑性和标准汉语。

## 3.1 准确性

准确性是工程技术法语翻译中必须遵守的首要原则。译员必须将原文准确转译到目标语言，让目标语言的受众与源语言的作者或读者对原文所表达的内容在理解上是相同的，能够借助译文像源语言的读者一样完成原文要求的工作，这就是工程技术翻译的准确性。在工程技术翻译中，失去了准确性，其后果非常严重，不仅会导致财产损失，甚至会造成生命伤害。

准确性不能笼统而论，准确性要注意的方面很多。失去准确性的原因也各不相同，以下举例逐一分析。

### 3.1.1 词的准确

**原文:** 使用范围

**错误译文:** le **portée** d'utilisation

**正确译文:** les utilisations **possibles** (**champ** d'utilisation)

原因:最常见的错误,只要看见词典注释中有"范围"两个字就拿来用,而实际上 portée 仅指"距离上的远近范围",如射程范围、小孩可触及的范围等。而此处是指可以使用的地方"数量"。汉语与法语词汇内涵与外延有交叉但不一定对等。

**原文:** Les prix sont réputés comprendre toutes les charges fiscales, parafiscales ou autres, frappant obligatoirement la prestation ainsi que tous les frais liés au conditionnement, et au transport jusqu'au lieu de livraison, **frais généraux**, impôts et taxes autres que la T.V.A., y compris toute **suggestion particulière** induite par des **circonstances locales** et les **conditions** imposées par les pièces contractuelles.

**错误译文:** 应认为价格包含所有的必然影响供货的税务费用、附加税务费用或其他费用,以及与包装和运输到交货地点有关的费用,**普通费用**,除增值税以外的税费,而且包括所有由**地方状况**引起的、以及由合同文件规定之**条件**所产生的**特别启示**。

**正确译文:** 应认为价格包含所有的必然影响供货的税务费用、附加税务费用或其它费用,以及与包装和运输到交货地点有关的费用,**管理费用**,除增值税以外的税费,而且包括所有由**地方差异**引起的、以及由合同文件规定之**条款**所产生的**追加费用**。

原因:对专业术语翻译把握不准,同一个词在不同的领域有不同的意思。frais généraux 在会计学中是"管理费用"的意思:是指当生产的可变成本发生变化时,不变成本中的金额不会发生变化的、属于管理工作产生的费用,即无论生产的产品数量多少,其管理的费用都是不变的。suggestion particulière 在本句中是指由于额外的条件下所产生的费用,如高海拔地区、山区的运输，其费用必然高于平原运输，所高出的费用是因运输环境条件的差异而产生的额外费用，这个含义在词典中很难查到，需要实际的工作经验才能把握。circonstances locales 在本句中是指环境和条件因地方的不同而有差异，所以翻译成"地方差异"，地方状况没有表意清楚。conditions 在合同文本中指的是"条款"，合同条款可分为两大类：一般条款和特别条款，前者适用于所有的合同签订者，后者根据合同签订者的不同而内容有所不同。

**原文：**提起灭火器，抽出保险销……

**错误译文：Élevez** l'extincteur, **enlevez** la goupille de sécurité

**正确译文：Soulever** l'extincteur, **tirer** la goupille de sécurité...

原因：没有把握词的准确意义。**Élevez** 是在原有基础上提高，如把围墙加高，而这里是"提起"，即把灭火器拿起来，不是把灭火器加高。**Enlevez** 表示除掉，而这个保险销是拔不掉的，只能抽出一部分。

**原文：**mur de refends

**错误译文：**隔墙

**正确译文：**直隔墙（与屋脊走向成垂直的内部承重墙）

原因：虽然也是隔墙，但法语所表达的内涵更为具体，它不是一般的隔墙，而是特指与屋脊走向成垂直的内部承重墙，所以需要加以注释说明。在目标语中找不到与源语相对应的词汇进行翻译时，需采用注释法对词进行精确释义，做到词的准确翻译。

**原文：**Chaulage, diffusion, pulpe, malaxage, mélasse, rendement, coupe-racines, séparateur magnétique, défibreur, broyage, tapis, tapis balistique, diffuseur, ébullition, masse cuite, égout, rectification

**错误译文：**石灰水处理，扩散，果肉，搅拌，污泥，产量，切根机，磁性分离器，磨木机，捣碎，地毯，带槽输送带，散布者，沸腾，煮过的团状物，下水道，校正

**正确译文：**中和，浸提，甜菜渣，助晶，废糖蜜，总回收率，甜菜切丝机，除铁器，撕裂机，压榨，传送带，斜式输送机，浸提器，蒸煮，糖蜜，清汁（含糖分很低的），精馏

**原因：**译者在翻译过程中忽略了词汇的行业属性，也没注意这组词之间的关系，所以翻译出来的词汇之间毫无关联，让人无法理解。原文所例词汇明显都是属于同一个行业——制糖工业词汇，所以在翻译选择词意时，应该充分考虑到语境，用符合目标语言的这类词汇进行表达，否则专业人员根本看不懂。在工程技术法语翻译中，应注意词汇的行业性，词汇之间的关联性。

**原文：**运输**包装**不是商品**包装**。

**错误译文：**L'**emballage** de transport n'est pas le **conditionnement** de marchandise.

**正确译文：**Le **conditionnement** ne signifie pas forcément l'**emballage**.

**原因：**Le conditionnement 与 l'emballage 虽然汉语均可翻译为"包装"，但在法语中意思是有差别的。前者指的是将商品运达目的地的包装，如：集装箱（conteneur）、纸箱 (carton)、托盘 (palette)、集装袋 (big bag) 等；后者指的是能保护商品、能展示商品内容、失效期等的包装，如：药瓶 (flacon)、胶囊 (capsule)、塑料袋 (sac en plastique)、茶袋 (sachet)、纸盒 (paquet) 等。

**原文：**漂亮的工程，艰苦的工程

**错误译文**：des **travaux** magnifiques, des **travaux** durs

**正确译文**：des **ouvrages** magnifiques, des **travaux** durs

原因：**ouvrage** 和 **travaux** 都有工程的意思，但前者指完工成形的工程结果或作品；后者才是要做或正在做的，未完的工程。

原文：**ouvrage d'art**

**错误译文**：艺术作品

**正确译文**：大型路桥工程

原因：**ouvrage d'art** 是路桥工程的专门的一个专业术语，就像汉语的"玻璃"，不可分开理解，只能视为一个词，就是"大型路桥工程"的意思。它绝不会出现在谈艺术的文章中，而应该出现在大型路桥建设的技术和项目文件中。

原文：**chauffe-ballon**

**错误译文**：圆底烧瓶加热电炉

**正确译文**：电热套

原因：实验室的仪器名称一般都可以见到图片或实物，可能正好旁边还有一个普通电炉，而且法语中还有一个词"ballon"，就想当然地翻译成"圆底烧瓶加热电炉"。而事实上 **chauffe-ballon** 在工程技术法语中是指能包裹住需要加热的容器，并且能控制温度的电加热器，在汉语中的标准称谓是：电热套。

### 3.1.2 标点符号的准确

原文：01-7.2. TERRASSEMENTS en MASSE m³ 206,775

01-7.3. FOUILLES en RIGOLES et en PUITS à -2,50 m du TN m³ 30,621

**错误译文**：01-7.2. 新挖土方工程 206,775 m³

01-7.3. 开挖地沟和竖井至 TN 的 -2,50 m 30,621 m³

**正确译文：** 01-7.2. 新挖土方工程 206.775 m$^3$

01-7.3. 开挖地沟和竖井至 TN 的 -2.50 m　30.621 m$^3$

原因：在数字表达法中，法语的小数点是用逗号表示，汉语的小数点是用实心点表示。而汉语的逗号用于表示阿拉伯数字中每三位数的分隔号。在汉语中，两个符号涉及的数据差别达上千倍，如果翻译错了，其后果的严重性可想而知！

**原文：**

| Caractéristiques contrôlées Méthodes | Unités | Tolérances | | Résultats |
|---|---|---|---|---|
| Densité du fluide porteur Méthode 2300 5 / 1 Densimètre à 20°C | | 0,746 | 0,825 | 0,790 |
| Résidu ASME Méthode 2300 507 / 1 Résidu ASME/DIN | % | 0,00 | 100,000 | 14,410 |
| Teneur en Chlore + Fluor ASME Méthode 2300 680 / 1 ASTM E 165 (annexe 4) | % | 0,00 | 1,000 | 0,059 |
| Teneur en Soufre ASME Méthode 2300 680 / 1 ASTM E 165 (annexe 4) | % | 0,00 | 1,000 | 0,005 |

**错误译文：**

| 被检测项目 检测方法 | 单位 | 公差 | | 检测结果 |
|---|---|---|---|---|
| 液态载体浓度 方式 2300 5 / 1 密度计 在 20° C | | 0,746 | 0,825 | 0,790 |
| ASME 残余物 方式 2300 507 / 1 Résidu ASME/DIN | % | 0,00 | 100,000 | 14,410 |
| ASME 氯和氟含量 方式 2300 680 / 1 ASTM E 165 ( 附件 4) | % | 0,00 | 1,000 | 0,059 |
| ASME 硫含量 方式 2300 680 / 1 ASTM E 165 ( 附件 4) | % | 0,00 | 1,000 | 0,005 |

**正确译文：**

| 被检测项目<br>检测方法 | 单位 | 公差 | | 检测结果 |
|---|---|---|---|---|
| 液态载体浓度<br>方式 2300 5 / 1<br>密度计 在 20°C | | 0.746 | 0.825 | 0.790 |
| ASME 残余物<br>方式 2300 507 / 1<br>Résidu ASME/DIN | % | 0.00 | 100.000 | 14.410 |
| ASME 氯和氟含量<br>方式 2300 680 / 1<br>ASTM E 165（附件 4） | % | 0.00 | 1.000 | 0.059 |
| ASME 硫含量<br>方式 2300 680 / 1<br>ASTM E 165（附件 4） | % | 0.00 | 1.000 | 0.005 |

原因：专业技术人员也许能根据经验或者"单位"看出问题，自行纠正。但从翻译的角度，这是不严谨的，容易引起不必要的纠纷。

**原文**：Contrat de Vente des Stocks : désigne le document contractuel faisant partie du Dossier d'Appel d'Offres, intitulé « Contrat de Vente des Stocks », devant être signé entre la Sirama, le « Vendeur » et le Locataire-Gérant, le « Locataire-Gérant », en tant qu'acquéreur, qui est annexé au Contrat de Location-Gérance, sachant que des annexes sont jointes audit Contrat de Vente des Stocks et qu'elles en font partie intégrante.

**错误译文**：库存出售合同：是指构成本招标文件不可分割部分的合同文件，其名称为《库存出售合同》，应由希拉玛，《出售方》和租赁经营方，作为受让方的《租赁经营方》之间签订，库存出售合同为《租赁经营合同》的附件，同时库存出售合同也有一些附件，它们也是库存出让合同的不可分割部分。

**正确译文**：《库存出售合同》：是指构成本《招标文件》的一部分的，不可分割的合同文件，其名称为《库存出售合同》，应由"希拉玛"公司（出售方）和"租赁经营方"（作为受让方的租赁经营方）之间签订。《库存出售合同》为《租赁经营合同》的附件，同时《库存出售合同》也有一些附件，它们也是《库存出售合同》的不可分割部分。

原因：应注意首字母大写词汇的符号处理，还有书名号和引号在翻译中的不同转换。此处法语原文首字母大写特指专门的、唯一的文件，汉语应该加书名号。

### 3.1.3 虚词的准确

**原文**：L'air froid est aspiré de l'extérieur **par le biais d'**un tuyau ou d'un conduit, tandis que l'air chaud d'échappement est soufflé à l'air libre **par le biais du** second tuyau ou conduit.

**错误译文**：当冷空气通过一根**倾斜的**管子或导管从室外吸进的同时，排出的热空气通过另一根**倾斜**管子或导管吹到大气中。

**正确译文**：当冷空气**通过**一根管子或导管从室外吸进的同时，排出的热空气**通过**另一根管子或导管吹到大气中。

原因：法语虽然是屈折语，但也有许多分析语的成分，而其中的虚词，如介词和连词在表示词与词之间关系中起着重要的作用，在这点上类似于汉语。此句中：par le biais de 是介词短语，表示"经由，通过"。这里没有"倾斜"的意思。

**原文**：Installation **de façon à ce que** l'axe des alvéoles soit au moins à 50 mm au-dessus du sol fini pour les socles < 32 A et 120 mm au moins pour les socles 32 A.

**错误译文**：设施**以至于**：小于 32 安的插座，其插孔轴线应离完工地面至少 50 毫米以上，32 安的插座至少 120 毫米以上。

**正确译文**：安装时**要做到**：小于 32A 的插座，其插孔轴线应离完工地面至少 50 毫米以上；32 安的插座，其插孔轴线应离完工地面至少 120 毫米以上。

原因：这是室内电气安装标准中的一句话。首先没有区分清楚

installation 是动名词还是普通名词，installation 是单数，而且后接表示目的的连词短语 **de façon à ce que**，所以它不是普通名词，而是动名词，只有动名词才可以有自己的状语，普通名词不能有类似状语的成分。**de façon à ce que** 后跟虚拟式表示目的，不是表示结果，故应译成"要做到"。

**原文：Qu'il s'agisse** de bétons de chantiers, de bétons prêts à l'emploi **ou** préfabriqués, la spécification et les caractéristiques minimales du béton doivent être conformes à la NF EN 206 d'avril 2004.

**错误译文：**必须是现场搅拌的混凝土、商品混凝土**或者**预制件，其规格和最低性能指标均应符合 2004 年 4 月的《NF EN 206 标准》

**正确译文：无论**是现场搅拌的混凝土、商品混凝土，**还是**预制件，其规格和最低性能指标均应符合 2004 年 4 月的《NF EN 206 标准》。

原因：没有正确理解 "Que+subj., ou que+subj." 的省略形式是表示让步，所以理解翻译错误。

### 3.1.4 句子的准确

**原文：**Le jus épuré contenant 16% de sucre est concentré dans la phase suivante jusqu'à 55% par ébullition.

**错误译文：**清净汁含糖 15%，并且在不断地沸腾蒸发后达到 55%。

**正确译文：**含糖分为 15% 的清净汁在随后的工序中通过蒸煮被浓缩至 55%。

原因：修饰关系理解的错误，引起句子翻译的错误。

**原文：**Les climatiseurs monoblocs à double conduit sont à privilégier **lorsque** l'utilisation d'un appareil de type split ou d'un appareil encastré dans le mur est impossible (prescriptions) et lorsqu'il existe des orifices de passage.

**错误译文：**双管单体空调优先，分体式或窗式空调不能安装，有管道孔的时候。

**正确译文：**下列情况可优先选择双管单体空调：当分体式或窗式空调不能安装的时候（规定要求），而且已有管道孔的时候。

**原因：**遗漏了句子之间的关联词，让整个句子失去逻辑关系，不知所云。

**原文：**L'entrepreneur du présent lot devra fournir à **l'entreprise de gros œuvre**, toutes les précisions concernant les emplacements, dimensions, etc. de toutes les engravures et trous à réserver dans les ouvrages de gros œuvre. Dans l'hypothèse d'une remise tardive de ces informations, **les modifications qui s'avéreraient nécessaires**, seront imputées à l'entrepreneur titulaire du présent lot.

**错误译文：**本标段承包商应该**提供承包公司的主体工程**和涉及场地和尺寸等一些其他方面的所有细节以及所有在主体工程施工中的嵌接和贮藏洞穴。假设这些信息推迟上交，那么这些必要证实的调整可能就归功于当前份额的正式承包商。

**正确译文：**本标段承包单位应**向主体工程承包单位**提供需要在主体工程中预留的嵌接和孔洞的位置、尺寸等的详细资料。假如没有及时提供资料，**或者后期必须要修改**，将由本标段承包企业负责。

**原因：**没有准确把握句子的成分，搞错了词与词之间的支配关系，造成整个句子翻译错误。

### 3.1.5　篇章的准确

**原文：**Ce dispositif peut être soit **intégré au moteur**, pour **les petites puissances**, soit **extérieur**.

**错误译文：**该装置可嵌入**电机**；对于**小功率**，可以在**外部**。

**正确译文：**该装置可安装在**电机内部**；如果是小功率**电机**，也可以安装在**电机外部**。

原因：在句与句之间的呼应上，法语多用替代，本句用 les petites puissances 代替 les moteurs à faible puissance。而汉语采用重复来贯通句子与句子。故翻译时，应重复。

**原文**：Fonds de Commerce：désigne l'ensemble des éléments corporels et incorporels appartenant à la Sirama et représentant l'universalité des moyens affectés à l'exploitation du site de Namakia.

**错误译文**：商业资产：是指属于希拉玛公司的有形和无形元素的全部，代表了交给那马奇亚站点经营的所有手段。

**正确译文**：商业资产：是指归希拉玛公司所有，并且交由那马奇亚工厂经营使用的所有设施的全部有形和无形资产。

原因：此句出自一份租赁经营合同，是对该合同中的 fonds de commerce 进行定义，目的是要准确界定租赁经营的范围。所以译文的语域必须符合这种目的，才能保证篇章翻译的准确。同时译文也没有弄清楚 Namakia 与 Sirama 之间的关系，结合前文可以知道，Namakia 是 Sirama 的下属工厂之一。

**原 文**：Le Vendeur vend et cède par le présent Contrat de Vente de Stocks au Locataire Gérant qui accepte, les Stocks de pièces de rechange, pièces détachées et intrants dont la désignation suit aux charges et conditions ci-après fixées.

**错误译文**：销售人通过本《库存出售合同》将库存的零配件和物品出售**给接受的**租赁经营方，其品名列于后面确定的费用及条件的条款中。

**正确译文**：出让方通过本《库存出售合同》，**在租赁经营方接受的条件下**，将库存的零配件和物品出售给租赁经营方，其品名列于后面确定的费用及条件的条款中。

原因：本段文字为合同条款，其语气应该正式、清晰，要符合合同行文规范。

### 3.1.6  限定词的准确

**原文：** Contrairement aux lubrifiants dérivés du pétrole, **le** produit ne se carbonise pas.

**错误译文：** 与从石油生产的润滑剂不同，产品不碳化。

**正确译文：** 与从石油生产的润滑剂不同，**本**品不碳化。

原因：法语中，带有限定词的名词已失去其词典中的词的身份，而是确指一个现实（Le nom précédé du déterminant perd ainsi son simple statut de mot du dictionnaire en le renvoyant à une réalité du monde）。本句中限定词"le"根据语法意义是指前面谈到的产品，所以应该将"le"翻译成"本"，尽管没有出现"le présent..."的字样。


**原文：** Aucune ferraille ne doit être positionnée à moins de 3 cm du bord de l'ouvrage.

**错误译文：** 任何钢筋都不能铺设在**离构件**的边沿3厘米以内的位置。

**正确译文：** 任何钢筋都应至少离**需要铺设钢筋**构件的边沿3厘米。

原因：这里指的是构件内部的钢筋，不是指的别的构件的钢筋。限定词要注释式翻译。


**原文：** Pour cela la nouvelle norme NF P01 010 dite FDES démontre en comparant les produits que le Bloc Béton associé à un isolant possède les meilleures performances en étant le moins consommateur en énergie pour sa fabrication et pour **son** transport.

**错误译文：** 为此，新的《NF P01 010法标》，也称《建筑环保卫生标准》，通过对产品的比较，表明混凝土砖与绝缘材料结合使用性能最佳，**其**制造和运输也耗能最少。

**正确译文：** 为此，新的《NF P01 010法标》，也称《建筑环保卫生标准》，通过对各类产品的比较，表明混凝土砖与绝缘材料结合使用性能最佳，**混凝土砖的**制造和运输也耗能最少。

原因：法语很清楚，主语是混凝土砖（le Bloc Béton），但翻译成汉语后，多出了绝缘材料。而本句中 sa 和 son 都是单数，显然指的是主语：混凝土砖。

## 3.2 逻辑性

与文学作品中的法语更多地与思想情感有关不同，工程技术法语更多地是与机器和物料有关，所以工程技术法语文件中蕴含的逻辑性更强。事实上，没有逻辑性的译本一定是有错误的译本，除非源文本就没有逻辑。把握好工程技术法语文件的逻辑性，不仅能指导翻译的正确处理，还能帮助进行译后的审定。当然要掌控译本的逻辑性，需要必备的工程技术背景知识作为支撑，故前面章节介绍的掌握背景知识的方法和准备需要做好。

下面举例介绍逻辑性的要求。

### 3.2.1 专业领域的逻辑性

**原文：** le lubrifiant ne forme ni **laques** ni **vernis**.

**错误译文：** 本润滑剂不形成**清漆**和**油漆**。

**正确译文：** 本润滑剂既不造成**积碳**，也不形成**油垢**。

原因：逻辑关系错误。润滑剂与"清漆"和"油漆"没有任何逻辑关系。laques 和 vernis 根据上下文，在此应该是"积碳"和"油垢"。

**原文：** Le jus **vert** va être **épuré**.

**错误译文：** 绿色的汁将被提纯。

**正确译文：** 甘蔗汁将被清净处理。

原因：本句出自甘蔗生产白糖的工艺文件。此处的 vert 并不是真的表示颜色，法语中所有从水果中提取的汁都称为 Le jus vert，本文说的甘蔗，应该翻译为"蔗汁"，即未做任何处理的刚从甘蔗中提取的汁。同样，épuré 在甘蔗白糖生产工艺中不是提纯，而仅仅是除掉杂质，其实除掉杂质后仍然有大量不需要的水分。所以应翻译为"清净"，这才是制糖工业地道的术语。

**原文**：le jus **chaulé**

**错误译文**：石灰处理的汁液

**正确译文**：中和汁

原因：在甘蔗制糖中，用石灰乳中和蔗汁中的杂质，然后过滤掉杂质的工艺流程叫做"清净"。在中和后、未过滤前的蔗汁称为"中和汁"。过滤后称为"过滤汁"。这也是不符合领域逻辑性的错误。

### 3.2.2 风格的逻辑性

**原文**：On distingue les aciers perlitiques (6% nickel/2% chrome au maximum) très employés en construction mécanique et les aciers austénitiques qui possèdent une charge en nickel et en chrome plus **importante** et qui constituent les aciers inoxydables (chrome 18%, 8% nickel) et certains aciers réfractaires

**错误译文**：人们用这些珠光体钢材（6% 的镍 / 最多 2% 的铬）来建造机动建筑和奥氏体钢，这种钢最重要的是拥有一定量的铬镍可以做成不锈钢（18% 的铬，8% 的镍）和一些耐火钢材。

**正确译文**：分为珠光体钢和奥氏体钢，前者**最多含** 6% 镍和 2% 铬，被广泛用于机械制造，而后者含的镍铬**更多**，主要指不锈钢（18% 铬，8% 镍）和某些耐火钢。

原因：这是一段介绍不锈钢的文字，不会带有诸如"最重要的是……"一类的主观判断语言。

**原文**：CONTROLE ET DIVERS: Les marques, les modèles et les dimensions des appareils, matériaux et équipements sont donnés à titre indicatif, le promoteur se réserve le droit de les remplacer par des équivalents (en cas de difficultés d'approvisionnement, de retrait d'agrément ou de nouvel agrément par le C.S.T.B.), dans les cas de force majeure et les impératifs techniques, tels que défaillance des fournisseurs, cessation de fabrication, rupture de stocks, dans les délais compatibles avec l'avancement du chantier. (C.S.T.B. :Centre Scientifique et Technique du Bâtiment )

**错误译文：检查**及其他：设备材料和**仪器**的尺寸样式和品牌是用**来作为参考的**。供货商保留**等价物品**替换的权力（在供应困难，**供货的协议取消或是根据新签署的 C. S. T. B 协议的情况下**），或是在不可抗拒力或技术**故障**的情况下，如供货商**操作失误**，停产，断货所导致的不能如期完工**也按上述程序处理。**

**正确译文：**监理及其他：机器、材料和设备的品牌、型号和尺寸只是指导性的，如遇不可抗力和技术限制，例如供应商**违约**，停产，脱销，无法满足**工程进度**时，**开发商**有权用同等档次的内容来替换（如遇采购困难、法国建筑科学技术中心取消某项许可、或发布新的许可的情况下）。

原因：除了对法语的理解有错误之外，最重要的原因是没有把握本段文字的目的：开发商交房时的保留条款。即原来承诺使用的设备、材料的牌子、型号和规格，如电梯等，可以在某些条件下予以更换。错把交房当成交货。如果将译文放在整个《房屋出售说明书》中，就会出现逻辑上的矛盾——卖房突然变成卖机器设备了。错把交房说明的风格变成了销售产品的文风。

### 3.2.3　时间的逻辑性

**原文：**Le SFR, réacteur rapide au sodium: On reconnaît là la filière bien connue en France, avec Rapsodie, Phénix et Superphénix, ce dernier arrêté malencontreusement en 1998 pour des raisons politiques; les évolutions envisagées incluent le recyclage intégral des actinides, une simplification notable du système (diminution du nombre de boucles au sodium), autant de sujets qui avaient déjà fait l'objet d'études d'optimisation dans le cadre du projet européen de l'EFR (European Fast Reactor), lui aussi arrêté en 1998.

**错误译文：**钠冷快堆技术被运用在法国非常知名的堆型中，比如狂想曲、凤凰、超凤凰。超凤凰不幸在 1998 年由于一些政治原因停止了；将要发生的演变包括：对镅的充分回收、对系统的大幅简化（钠回收数量的减少）、在欧洲快堆项目上很多课题**有待优化研究**，这些**本将**发生的演变在 1998 年也终止了。

**正确译文：**钠冷快堆（钠快速反应堆）：在法国，人们也能看到这种名气很大的反应堆系列，如狂想曲核电站，凤凰核电站、还有超级凤凰核电站，后者由于政治原因，于 1998 年不幸停机了。原规划中的发展计划有：镅的全面回收，系统的大幅度简化（减少大量的钠回路），还有许多项目**也曾经被纳入了**"欧洲快速反应堆项目"（EFR）进行优化研究，但这个项目（EFR）本身也终止了。

原因：没有注意所用时态，造成理解上的时间顺序矛盾。实际上优化项目已经启动，只不过没有做完。否则何来 lui aussi arrêté en 1998 一说。


**原文：**Le cycle Diesel à quatre temps comporte : admission d'air par l'ouverture de la soupape d'admission et la descente du piston ; compression de l'air par remontée du piston, la soupape d'admission étant fermée ;

**错误译文：**四冲程柴油机的循环包括： 空气从打开的进气阀门进入并下降活塞；通过上升活塞压缩空气，关闭进气阀门。

**正确译文：**四冲程柴油机的循环包括 ：进气——打开进气阀片，并降下活塞；压缩空气——抬升活塞，此时，进气阀片关闭。

原因：实际上，四冲程柴油机工作的第一冲程是同时打开进气阀和下降活塞空气才能进入，错误译文把两个行为割裂开来，造成了时间逻辑的混乱。第二冲程的翻译也如此。

### 3.2.4 工程技术的逻辑性

**原文**：Il faut secouer légèrement les extincteurs à poudre **la tête en bas** pour s'assurer que la poudre n'est pas tassée.

**错误译文**：头部处于**低处**，轻轻摇晃灭火器以确保粉末未结块。

**正确译文**：须将灭火器**头朝下**（**翻转**），轻轻摇晃，以确保粉末未结块。

原因：虽然从语法角度难以确定 la tête en bas 是动词的状语，还是宾语的状态。但从工程中灭火器的使用知识知道，不是人的头，而是灭火器的头部朝下。这就是翻译中要注意的工程技术的逻辑性。

**原文**：Vérifiez le manomètre de pression cylindrique **sur la tête de** l'extincteur.

**错误译文**：在灭火器的**头部**上，检查缸体压力表。

**正确译文**：检查位于灭火器**头部**的缸体压力表。

原因：从语法角度，sur la tête de l'extincteur 既可能是动词的状语，也可以是宾语 le manomètre 的修饰语。从逻辑上讲，人是不可能站在灭火器头部的。所以应该是宾语的修饰语，故翻译成汉语中压力表的定语。

**原文**：L'utilisation de la chaux **entraînant** une calcification du jus, l'élimination des ions calcium évite l'encrassage de l'équipement employé lors des étapes ultérieures d'évaporation et de cristallisation.

**错误译文**：使用石灰能导致蔗汁钙化，除掉钙离子避免后续的蒸发和结晶工序所使用设备的结垢。

**正确译文**：**因为**使用石灰能导致蔗汁的钙化，**所以**除掉钙离子可以避免后续的蒸发和结晶工序设备的结垢。

原因：现在分词的独立分词从句可以表示许多意义。但根据工程技术上的逻辑性，本句中的独立分词分句表示的是原因。所以，应该准确地译出句中的因果关系。

## 3.3 标准汉语

在翻译中，无论目标语言是汉语还是法语，都要力求标准。本书仅讨论法译汉应遵循标准汉语的原则，未提汉译法应使用标准法语的问题，主要是因为中国译员在将法语源文本转换为汉语译本时，要靠中方人员或自己把关审定，而汉译法时往往都要请法语为母语的外方人士把关，所以在此不予讨论。标准汉语不是指要用"雅"的汉语，而是指译文语言要符合汉语表达习惯，通俗易懂，让中国人能清楚明白地理解译文所传达的内容。因为工程技术法语翻译的目的是要让目标受众能准确理解和执行源文件要求的任务或工作。故译本就要能看得懂和容易看懂。

下面主要就两种经常出现的非标准汉语：法式汉语和"大肚子"修饰语，进行分析。

### 3.3.1 法式汉语

**原文**：des inhibiteurs de rouille et d'oxydation

**错误译文**：生锈和氧化抑制剂；防锈和氧化剂

**正确译文**：防锈剂、抗氧化剂。

原因：对相同的物品法语和汉语表达的方式不尽相同，所以在法译汉时应该转换为标准的汉语。虽然同是 inhibiteur 一词，但应该分别翻译为"防……剂"和"抗……剂"。

**原文**：Corrosion sur AL 7075T6

**错误译文**：对铝 7075T6 的腐蚀性

**正确译文**：对 7075T6 铝的腐蚀性

原因：法语金属材料的牌号（nuances）放在材质名词的后面，而汉语是放在前面。

**原文**：le produit s'évapore simplement proprement.

**错误译文**：本品自己简单地蒸发掉。

**正确译文**：本品仅仅是蒸发掉，不留下任何残渣。

原因：除了翻译的词意选择不对，而且汉语表达不标准。proprement 指的是没有留下任何副产品，很干净。所以应该翻译为"不留下任何残渣"。

**原文**：Le lubrifiant synthétique liquide Chesterton® 610

**错误译文**：合成润滑液切斯特顿 610；合成润滑液 Chesterton 610

**正确译文**：切斯特顿 610 合成润滑液；Chesterton 610 合成润滑液

原因：按照汉语习惯，品牌名称应翻译在普通产品名称前面。不能直接照搬法语的语序。

**原文**：En fait, le lubrifiant synthétique liquide 610 présente une solubilité excellente et élimine à vrai dire un bon nombre de ces sous-produits provoqués par d'autres lubrifiants dérivés du pétrole, permettant ainsi au matériel de fonctionner en chauffant moins et avec davantage d'efficacité

**错误译文**：事实上，610 合成润滑液呈现出卓越的溶解性能，能真正地除掉许多其它石油润滑剂所产生的副产品，所以可以让设备以制造更少热量、更大的效能的方式运转。

**正确译文**：事实上，610 合成润滑液溶解性极好，的确能除掉许多其它石油润滑剂所产生的副产品，所以其可以让设备在运转时发热更少，而且效率更高。

原因：显然正确的译文更精炼，且表述更清楚，其原因就是在不改变源文本语义情况下，采用了习惯的汉语说法。

**原文**：Cette énergie peut être entièrement récupérée si la vapeur d'eau émise est condensée, c'est-à-dire si toute l'eau vaporisée se retrouve finalement sous forme liquide.

**错误译文**：这种热能便可以全部得到回收，如果散发的水蒸气全部被冷凝，也就是说最终所有的水全部变成液态。

**正确译文**：如果散发的水蒸气全部被冷凝，也就是说最终所有的水全部变成液态，这种热能便可以全部得到回收。

原因：不能完全按照法语的语序进行翻译。汉语的条件从句放在前面，主句放在后面。

### 3.3.2 "大肚子"修饰语

**原文**：Dans le moteur à cage d'écureuil (triphasé ou monophasé), le rotor est composé d'un cylindre *feuilleté muni d'encoches dans lesquelles sont logées des barres, reliées des deux côtés par des couronnes qui les mettent en court-circuit.*

**错误译文**：在（三相或单相）鼠笼电机中，有中间装着能使其短路的圆环在两端连接起来铁棒的沟槽的片状柱体构成。

**正确译文**：在（三相或单相）鼠笼电机中，转子由片状柱体构成，柱体上有沟槽，槽内有铁棒，铁棒两端圆环连接起来，圆环能使它们短路。

原因：大肚子修饰语在法语的语言结构形式中修饰关系清楚，不会造成理解误差。但直接将其结构对应到汉语，会造成译文因修饰语太长而不知所云。

**原文**：Chaque habitation est reliée au réseau par l'intermédiaire d'un tableau *qui contient au moins un compteur destiné à la facturation ainsi qu'un disjoncteur servant d'interrupteur général et, permettant de protéger l'installation.*

**错误译文**：每个居住点通过含有至少有一个用于计费的电表和一个用作总开关并保护设备的断路器的配电盘与电网连接。

**正确译文**：每个居住点通过配电盘与电网连接，而配电盘至少有一个电表用于计费，一个断路器用作总开关，并保护设备。

原因：非正规的汉语表达习惯，保留法式"大肚子"修饰语，不仅看起来很费劲，而且无法理解。

**原文：** La pince ampérométrique AC est une sorte de transformateur électrique dont *le primaire est constitué par le conducteur dont on veut connaître le courant et le secondaire par un enroulement bobiné sur un circuit magnétique formé par les deux mâchoires de la pince.*

**错误译文：** 交流电钳表（钳形电表）是一种电力变压器，其中有想知道其电流的导线所构成的主线圈和缠绕由两个钳夹形成的铁芯上面的绕组构成的副线圈。

**正确译文：** 交流电钳表（钳形电表）是一种电力变压器，主线圈是被测导线，副线圈是缠绕铁芯上面的绕组，铁芯则是两个钳夹。

原因：这句话的大肚子修饰语形成的原因是缺乏工程技术法语背景知识，不能够在理解的基础上，按照汉语习惯重新组合，形成流畅、简明的汉语。其实从语法角度，第一种译法并没有错，但却很难看懂，一定要避免。

# 第四章
# 工程技术法语翻译的语言结构控制

对语言结构的把握是理解翻译的基础，规范的翻译必须清楚句与句之间、词与词之间的支配关系或修饰关系，才能准确进行语言转换。本章在回顾普通法语语言结构的基础上，重点介绍怎样在工程技术法语的理解和翻译中控制语言结构，以及工程技术法语的一些特殊语言结构的处理方法。

## 4.1 法语语句 (une phrase)

法语的语句是一个自成体系的语言单位。从语法的角度上来讲，它与任何别的语言单位没有关系。在书写中，通常以一个首字母大写的词开头，以一个句号结束，当然可以是以问号、感叹号、分号、冒号、省略号等结束。

EX：

(a) L'assiette est la partie de l'emprise réellement utilisée par la route (incluant les talus).

路基是指征地范围内实际用于修路的部分（包括路堤）。

(b) Gardez au frais et ne renversez pas !

冷藏并且不能倒置!

(c) Après plusieurs jours passés au chantier, il est venu nous rejoindre à la représentation résidant dans la capitale où nous avons un stock de pièces de rechange.

他在工地上待了数天之后，来代表处找到了我们。代表处驻扎首都，这儿有零配件的库存。

法语语句可分为简单句（phrase simple）和复合句（phrase complexe）。只包含一个分句（proposition）的语句称为简单句，包含两个或两个以上分句的语句称为复合句。上面的例句中，(a)是一个简单句，(b)和(c)是复合句。

在(b)句中，两个分句是用"et"并列连接，事实上也可以视为是两个简单句，而在(c)中有一个主句和数个从属分句，这是真正的复合句。

法语语句还可以分为动词语句（phrase verbale）和无动词语句（phrase averbale）。下面是无动词语句的例子。

EX: Prise latérale par pinces interdite !　　Chantier interdit au public !

禁（止使）用侧钳抓取!　　　　　　施工重地，严禁进入!

无动词语句有的时候也可能包含有一个动词，但其是从属分句的动词。

EX:

Attention à la passerelle qui risque de tomber ! (risque 是关系从句 qui risque de tomber 的动词；句子可简化为 Attention à celle-là).

小心跳板掉落!

## 4.2　法语分句 (la proposition)

分句是语句的组成部分。它包含一个主语和一个变位动词组（groupe

verbal），根据句意和语法，动词组有相应的人称、时态和式态变化。在一个语句中，有多少个变位动词，就有多少个分句。

EX:

Dans le cahier de charges, le maître d' œuvre présente le détail du lot et il explique comment un soumissionnaire dépose à l'Agence la lettre de candidature par écrit qui est le document valable et unique dans cette procédure.

在招标细则中，建设方介绍了该标段的详细内容，并且解释了投标人如何递交书面报名函到办事处。该报名函是本投标程序中唯一有效的文件。

这个句子中有四个动词，并且每个动词都有自己的主语：*le maître d'œuvre présente, il explique, un soumissionnaire dépose, qui est*。这四个动词构成了四个分句的核心。

命令式中，主语省略，要从变位动词的词尾判断其主语人称和数。**Soulevez ici！**从这里起吊！（**-ez** 就是第二人称复数的词尾。）.

同一个分句中的每一个词都与该分句中的一个词发生联系而发挥作用。如在上个例句中 **dans cette procédure** 意为"在本次投标中"，是动词 est 的状语，跟 **présente，explique** 或 **dépose** 没有关系。

根据分句间不同的关系，分句可划分为三种不同类型：独立分句（proposition indépendante）、主分句（proposition principale）和从属分句（proposition subordonnée）。

EX:

**Un titre de transit est émis pour tout enlèvement de marchandises.** (Proposition indépendante)

每次提货发一个转口证。

**Il est signé par le Chef de Service du transit dès lors que la cargaison est sur le moyen de transport.**

一旦货物装上运输工具，由转口处处长签发转口证。

**(Il est signé par le Chef de Service du transit** : proposition principale ; **dès lors**

que la cargaison est sur le moyen de transport : proposition subordonnée).

从属分句还包括关系从句(proposition relative)、连接从句( proposition conjonctive )、间接疑问从句（proposition interrogative indirecte）、插入语从句（proposition incidente）。

EX:

**Vous compléterez le dossier que vous avez reçu. ( que vous avez reçu : proposition relative)**

您要补充完善您收到的资料。

**Nous avons exigé qu'il soit présent à notre prochaine rencontre. (qu'il soit présent à notre prochaine rencontre : proposition conjonctive)**

我们曾经要求他参加下次会面。

**Personne ne comprend comment elle a pu obtenir ces renseignements ( comment elle a pu obtenir ces renseignements : proposition interrogative indirecte )**

没有人知道她是怎么得到这些消息的。

**Il fallait, expliquait-elle, revoir l'organisation de la structure. ( expliquait-elle : proposition incidente).**

她反复解释："必须重新研究机构的组织工作。"

## 4.3 法语句子成分

### 4.3.1 法语一级句子成分

法语的句子成分划分是在分句中进行的。根据每个词在句中的语法功能，法语的一级句子成分可划分为：主语（sujet)、动词组（groupe verbal）、宾语( complément d'objet )、表语( attribut )、状语(complément circonstanciel)、施动者补语（complément d'agent）。

EX:

**L'apurement** *se fait au bureau des douanes d'émission.*

(**L'apurement** : sujet du verbe *se fait*)

审查将由发证的海关办公室负责。

*Le «titre de transit» devient* **le document douanier** *identifiant une cargaison précise en circulation.* (**le document douanier** : attribut du sujet *Le «titre de transit»* )

《转口证》成了在运输途中核查货物准确与否的海关文件。

*Le «titre de transit» conserve* **la même valeur réglementaire** *que la D15 originale.* (**la même valeur réglementaire** : CO du verbe *conserve*)

《转口证》保有与原 D15 报关单同样的法定效力。

*Le fournisseur doit fournir la facture pro forma* **avant l'expédition de la marchandise.** (**avant l'expédition de la marchandise** : complément circonstanciel du verbe *doit fournir*)

供货商应在商品发货前提供形式发票。

*Toutes les déclarations modèles D15 sont couvertes* **par une caution bancaire.** (**par une caution bancaire** : complément d'agent du verbe *sont couvertes*)

所有的 D15 报关单都应配套银行担保。

### 4.3.2　法语二级句子成分

法语二级句子成分是指在某个句子成分内部起修饰作用的成分，它们是修饰语（épithète）、同位语（apposition）和补语（complément）。汉语句子成分中没有修饰语和同位语；虽然也有补语，但和法语的补语有很大的差异，所以下面分别对这三种句子成分及其用法加以说明：

#### 4.3.2.1 修饰语

修饰语用于修饰一个名词，是对名词的补充说明。修饰语一般直接放在名词前或名词后，与名词之间没有介词。拿掉修饰语后，句子表达的意思也改变不大，也不会出现语病。[1]

---

1　http://grammaire.reverso.net/1_2_07_La_proposition_incidente.shtml

EX:

*La chemise **verte** contient toutes les pièces du dossier* ( 修 饰 语
**verte** 补充说明 *chemise* 的颜色 )。

绿色文件夹里装有所有资料。

修饰语也可以用逗号与所修饰的名词隔开，这种修饰语被称为"分离
式修饰语"。其位置可以是句首，也可以是句中。

EX:

*Le barrage-poids moderne,épaissi à sa base et affiné vers le haut,
est une solide structure en béton à profil triangulaire.* ( 分离式修饰语
*épaissi à sa base et affiné vers le haut* 位于句中 )

*Epaissi à sa base et affiné vers le haut, le barrage-poids moderne
est une solide structure en béton à profil triangulaire.* ( 分离式修饰语
*épaissi à sa base et affiné vers le haut* 位于句首 )

底宽顶窄的现代重力坝是一种呈三角外形、坚固的混凝土构造。

在个别情况下，尤其是修饰一个代词时，修饰语前面要加介词 **de**。

EX:

*Il n'y a rien **de plus lourd**.* ( 修饰语 **lourd** 修饰代词 *rien*)

再没有更重的了。

*Reste-t-il encore une place **de libre** ?* (**libre** 是 *place* 的修饰语 )

还有空位吗?

用作修饰语的词可以是形容词，也可以是在语法功能上视为形容词的
过去分词和现在分词。

- 形容词作修饰语:

EX:

*La chemise **verte** contient toutes les pièces **relatives** au dossier.*
( 形容词 **verte** 作名词 *chemise* 的修饰语；词组 **relatives au dossier** 的
中心词 (le noyau) 是形容词 **relatives**, 它是名词 *pièces* 的修饰语。另外

*pièces* 是 **relatives** 的补语。）

绿色文件夹装有与该项目有关的所有文件。

有些时候，de+ 一个（无冠词）名词相当于一个形容词的用法：

*Des conduites, des galeries ou des canaux* **de dérivation** (de+ 名词 **dérivation** 是 *Des conduites, des galeries ou des canaux* 的修饰语，相当于一个形容词。）

引水管、引水洞或引水渠

• 现在分词或过去分词作修饰语：

EX:

*Les tunnels* **ainsi formés** *sont souvent transformés et réutilisés après l'achèvement de l'ouvrage.*

（**formés** 是过去分词，相当于一个形容词）。

工程结束后，往往会对由此形成的隧道进行改造再利用。

*L'élaboration de grands barrages peut s'étendre sur une période* **dépassant la dizaine d'années.**

（**dépassant** 是现在分词，可以用一个形容词替代，例如 longue）。

大型水坝的建设周期可能会持续超过 10 年。


### 4.3.2.2 同位语

当一个名词对另一名词的性质或属性进行补充说明时，这个名词就是同位语。同位语一般由逗号与其修饰的名词隔开，但其与所修饰的名词在位置上也有其它连接方式：或者紧靠它所补充说明的名词，或者用介词"de"来连接。注意：同位语与中心名词所指都是同一个对象。

EX:

*Le Barrage-voûte de Tignes,* **véritable arc cylindrique de 150 m de rayon et de 295,5 m de développement,** *a longtemps constitué un record de barrage voûte.*（逗号隔开）

蒂涅拱坝在很长时间保持了拱坝的纪录，它是货真价实的 150 米半径的柱形圆弧，其展开长度达 295.5 米。

*La société recrute deux ingénieurs **stagiaires***.（紧靠中心词）

公司招收两名实习工程师。

*La ville d'**Antananarivo** est la capitale de la Madagascar.*（用de引导）

塔那那利佛城是马达加斯加的首都。

同位语一般紧邻所修饰的名词，二者用逗号隔开，其位置可以是句首，也可以是句中。

EX:

*Elie, **directeur général adjoint**, assure l'intendance de la société.*

（同位语 ***directeur général adjoint*** 与所修饰的名词用逗号隔开）。

艾利，副总经理，负责公司后勤。

***Nouvelle habitude alimentaire***, *le végétarisme gagne chaque année de nouveaux adeptes*（修饰名词 végétarisme 的同位语 ***nouvelle habitude alimentaire*** 位于句首）。

每年都有新的践行者加入这种新饮食习惯——素食的行列。

同位语也可以修饰一个代词。

EX:

*Ainsi, **des plans d'eau**, appelés bassins de rétention, ils sont prévus pour réduire la vitesse de l'eau, et donc son énergie cinétique.*

（***des plans d'eau*** 是代词 *ils* 的同位语）。

所以，要设计水面，即蓄水池来降低水速及其运动动力。

**注意：不要把由"de"连接的同位语和由"de"引导的名词补语相混淆。**

*La ville d'**Antananarivo***（同位语：*la ville* 和 ***Antananarivo*** 都指同一个对象）。

*Les habitants d'**Antananarivo***（名词补语：不是同一个对象，而是从属关系）。

同位语的词性：

名词：*Christiane, **interprète**, habite tout près du chantier.*

代词：*Vous devez remplir **vous-mêmes** la dernière page.*

分句：*Avec de tels chiffres, l'espoir **que nos bénéfices augmentent est permis.***

不定式：*L'idée **de partir plusieurs jours ensemble** met le directeur en colère.*

### 4.3.2.3 补语

与中心词有隶属关系的词或词组被称为中心词的补语。

EX:

*Nous serons **très** heureux **de vous accueillir parmi nous**.*（ *heureux* 是词组"**très heureux de vous accueillir parmi nous** 的中心词。该词组为分句的表语。在表语中再划分成分：**très**：形容词 *heureux* 的补语；**de vous accueillir parmi nous**：也是形容词 heureux 的补语。）

隶属关系通常由一个介词、连词或关系代词标明。

EX:

*content **de lui*** (*lui*, 是形容词 *content* 的补语，由介词 de 引导)。

*content **que tu sois là*** (**tu sois là** 是形容词 *content* 的补语，由连词 *que* 引导)。

*J'ai parlé avec tous **qui sont présents**.* ( **qui sont présents** 是代词 *tous* 的补语，由关系代词 *qui* 引导)。

补语的中心词可以是以下词性：

名词：*Les factures **de l'année dernière*** (**de l'année dernière** 是名词 *factures* 的补语。)

形容词：*Les factures **antérieures à l'année en cours***(**à l'année en cours** 是形容词 *antérieures* 的补语)。

副词：*Parallèlement **à cette étude*** (**à cette étude** 是副词 *parallèlement*

的补语)。

代词：*Ceux **qui ont gagné**.* (*qui ont gagné* 是代词 *ceux* 的补语)。

介词：*Il est arrivé **juste** avant moi.* (*juste* 是介词 *avant* 的补语)。

从属连词：*Il est arrivé **juste** avant que je ne parte.* (*juste* 是从属连词 avant que 的补语)。

感叹词：*Hourra **pour les mariés** !* (***pour les mariés*** 是感叹词 *hourra* 的补语)。

## 4.4 名词修饰名词

法语中有许多名词有用作形容词修饰另一个名词的情况，如：*l'affluence **record*** (创纪录的点击量)、*une jupe **tulipe*** (郁金香裙子)、*des fermes-écoles* (学校农场)。在工程技术法语中，这种现象尤其普遍，如：*plan **permis de construire*** (建筑许可证的图纸)、*ingénieurs **stagiaires*** (实习工程师)、*porte-fenêtre **bois*** (木质落地门)、*un alliage **cuivre-nickel*** (镍铜合金)、*des murs **écrans*** (屏幕墙)。根据法语分析句子成分的规则，第二个名词应该视为同位语(apposition)，但这种同位语还有自己一些特点，故在此专门加以分析，以便在翻译时准确把握。

名词修饰名词规则：

**规则一**：后面的名词修饰前面的名词，如 des usines pilotes 是指起领航作用的实验工厂或说大规模投产前的中试工厂，是 pilotes 修饰 usines。否则就会受英语的影响，翻译成"工厂的领航员"

**规则二**：第二个名词作为形容词用，在数上根据实际进行单复数配合，在性上无需配合，无论二者中间是否加了连字符。如 *des fermes-écoles* (学校农场，供很多学校的学生学农)、timbres-poste (邮票，全国只有一个发行邮票的邮局机构)。

**规则三**：名词可以修饰已经被名词修饰过的词，即(中心名词 + 名词) + 名词。如：porte-fenêtre bois (木质落地门)。fenêtre 修饰 porte；

bois 再修饰 porte-fenêtre。

**规则四：**名词修饰名词的现象是约定成俗的，并不是所有的名词都可以用来修饰别的名词。故非母语国家的人尽量少用，除非有充分的语料支撑。

## 4.5 动名词的特殊性

工程技术法语中，使用动名词的情况较多，且较为复杂，要掌握工程技术法语动名词的翻译，必须搞清楚动名词的一些特点和规定。本节就动名词和普通名词的区别、动名词结构的规定及动名词结构的翻译作重点讲解。

### 4.5.1 动名词和普通名词的区别

动名词不同于普通名词：普通名词表示一个人或物，或者表示抽象的概念。动名词虽在语法意义上是一个名词，但在实际意义上它不是表示一个人或物或是抽象概念，而是表示一个动作。如: *l'extinction du feu*（灭火）。再如: *position* 是一个名词，表示"位置"这个抽象概念，而与 *position* 同源的 *positionnement* 是一个动名词，表示的是"定位安放"这个动作。

从语法上讲，动名词可充当句子中名词可充当的任何成分：

***La production d'électricité, ainsi que le refroidissement et l'évacuation de la chaleur**, s'effectuent selon le processus suivant :*（主语）

发电、冷却以及排热按照如下的工艺流程进行：

*Pour que le système fonctionne en continu, il faut assurer **son refroidissement**.*（宾语）

为了系统的连续运转，必须保证系统的冷却。

*Après **son passage** dans la turbine, la vapeur est refroidie.*（状语）

蒸汽在经过透平（涡轮机）后，已被冷却。

*Son refus **qu'on démolit le pignon** est inexplicable.*（同位语）

他拒绝拆除山墙的决定无法解释。

*déterminer les zones de **déplacement superficielles de l'ouvrage**.*
（修饰语，de+（无冠词）名词 = 形容词）

确定工程表面位移的区域。

*Ils sont le siège de **la réaction en chaîne**, qui les porte à haute
température.*（补语）

它们是链式反应的地方，能使其达到高温。

动名词之所以不同于普通名词，是由于在动名词结构中，动名词与其它词的关系是不同的。可以假设该动名词为一个动词，再来分析其它词的成分，就可以知道其在动名词结构中的准确成分。在此基础上，也能实现翻译的准确性。有的语法书将动名词结构中除动名词之外的所有词划为动名词的补语，从形式上看都是介词 de 引导，但其之间的关系却完全不同，所以这样的句子成分分析是不严谨的。试比较：

*A. Un voile **d'étanchéité** = un voile étanche*（**d'étanchéité** 表性质，修饰语：[支墩坝的] 挡水板）

*B. Le coût **des ouvrages à forme complexe** = le coût relevant des ouvrages*（**des ouvrages à forme complexe** 表从属，补语：复杂造型堤坝的造价）

*C. L'enlèvement **de la goupille** = enlever la goupille*（**de la goupille** 表动作的对象，动名词的宾语：拔掉销子）

*D. L'arrivée **du président directeur général** = le président directeur général arrive*（**du président directeur général** 表动作的发起者，动名词的主语，arriver 为不及物动词：总裁的到来）

在上面例句 A 和 B 中，虽然都是"名词 + de+ 名词"结构，但 A 为"de+ 无冠词名词，相当于形容词，是表性质；B 中的 **ouvrages** 本来就没有表示动作的含义，这里表示从属关系。而 C 和 D 中的 L'enlèvement 和 L'arrivée 本身含义就是表示动作，而且还有与该动作有关的其它词。

因此我们可以通过将动名词假设为动词的办法，对动名词结构中的成分进行分析，从而达到准确理解和翻译。

另外，同一个词既可能是普通名词，也可能是动名词，应该根据上述办法进行区分：

*Cela limite les dimensions **des installations** de surface en concentrant les puits.*（地面设施：普通名词）

这样可以将油井集中，从而限制地面设施的规模。

*Ceci exige **l'installation** d'équipements complémentaires.*（安装补充设备：动名词）

这就要求安装补充设备。

*dans le type de **construction** avec bassin à chocs*（带防冲池的构造：普通名词）

在带防冲池的构造类型中

***La construction** d'un barrage*（建造一个大坝：动名词）

建造一个大坝

### 4.5.2  动名词结构的规定

4.5.2.1. 动名词可以有自己的宾语、状语、主语，以及施动者补语。

*Le retour **de l'eau** à la rivière en aval du barrage=l'eau retourne à la rivière en aval du barrage*（主语）

水回到大坝下游。

*L'injection de **$CO_2$** =injecter le gaz $CO_2$*（宾语）

注入二氧化碳。

*Les raccordements **au réseau** (eau, électricité, gaz, téléphone, télédistribution, égouts)=raccorder au réseau*（状语）

联通管网（水、电、气、电话、电视、下水道）。

*Le maintien d'un angle fixe **entre le flux rotorique et le flux statorique**= maintenir un angle entre le flux rotorique et le flux statorique*（状语）

在转子电流与定子电流之间保持一个固定角。

*La compression de l'air **par la remontée du piston**= l'air est compressé par la remontée du piston*（施动者补语）

通过提升活塞来压缩空气。

4.5.2.2. De 后引导的名词一般须加冠词。因为在法语中主语和宾语一般都是有冠词的。如本来没有冠词的，当然不用画蛇添足了。这个特点可以帮助判断是否为动名词结构。

*La construction **d'un** barrage nécessite la mise à sec et la préparation **des** fondations.* (=construire **un** barrage; mettre à sec et préparer **les** fondations)

建造大坝需要排水和先建坝基。

*L'arrivée de M. Vincent lui a fait une grande surprise.* (= M. Vincent est arrivé，本来没有冠词 )

万桑先生的到来给了他一个很大的惊喜。

**注意：** 法语中 de + des = de 的情况，如：

*Si les conditions topographiques empêchent la réalisation **de** canaux de dérivation, un barrage peut être construit en deux étapes.* (= réaliser **des** canaux)

如果地形条件不允许建引水渠，可以分成两个阶段建设大坝。

4.5.2.3. De 后引导的名词可能是这个动名词的主语，也可能是宾语：

*Date probable **d'arrivée du navire**=où le navire arrive*（主语 ）

**轮船到达**的可能日期

*L'extraction du jus de canne à sucre se fait par broyage dans une série de moulins successifs. =extraire le jus de canne*。（宾语 ）

通过在一组连续压榨机中的压榨来**提取蔗汁**。

由于 de 后的名词在动名词结构中有可能充当主语或宾语成分，所以翻译时要注意该名词与动名词之间的关系（动宾、主谓），如果对其关系判断错误，翻译出来的结果会大相径庭，故需要仔细辨别。辨别的方法就是将动名词改回动词的原型（不定式），如果该动词是不及物动词，de 后的名词就是主语，如果动词原型是及物动词，de 后的名词就是宾语。如果既是及物动词又是不及物动词，就需要根据上下文进行逻辑推理判断。当然辨别的目的，是为了翻译的准确性，没必要过分深究。

有时 de 后的名词也可以被主有形容词替代，区分其是主语还是宾语的原则同上，如：

*retard de plus de 30 minutes à **son arrivée** sur site, suite à une demande pour passager bloqué reçue par HOTLINE*; (= il arrive)（主语）

热线接到乘客被困的求救电话后，**他（她）到达**现场迟到 30 分钟以上的情况

*A travers **sa réalisation**, l'objectif visé par le gouvernement, est de restaurer au niveau du transport les conditions nécessaires.* (=réaliser ce projet)（宾语）

政府的目标是通过**实施该项目**恢复必要的交通条件。

4.5.2.4. À+ 动名词 +de 结构表示时间，意思是"在……的时候"，翻译时要注意。如：

***A l'arrivée du navire** au port autonome de Douala* **在船舶到达**杜阿拉自治港时

*Situation dans laquelle pour une raison ou pour une autre, la cargaison n'est plus désirée par le destinataire **à son arrivée**.* 由于某种原因，**货物到达时**，收货人拒绝收货的情况。

### 4.5.3　动名词结构的翻译

不能把动名词结构中的成分翻译成句子的成分，反之亦然。如：

*Le schéma ci-dessous représente le processus de fabrication du sucre **à partir de betterave sucrière**.*

**错误翻译：**下面示意图用**甜菜**展示了生产白糖的流程。（将 *à partir*

*de betterave sucrière* 理解为全句的状语，修饰动词 *représenter*。）

**正确翻译：** 下面示意图展示了**用甜菜**生产白糖的流程。（*à partir de betterave sucrière* 是动名词 *fabrication* 的状语。）

试比较：

*Il a payé le billet à partir de Paris.*（*à partir de Paris* 是全句的状语，修饰动词）

他在巴黎就买了票。

又比如：

*Les dernières étapes avant la vente sont le tamisage, le classement, le pesage ainsi que le stockage du sucre sous des formes variées (dans des lieux bénéficiant d'une humidité relative de 65% environ).*（*sous des formes variées* 是动名词 *le stockage du sucre* 的方式状语；*dans des lieux bénéficiant d'une humidité relative de 65% environ* 是它的地点状语。）

销售前的最后工序是过筛、分级、称重、以及各种形式的（在相对湿度约为 65% 的地方的）仓储。

## 4.6 长主语的倒装

法语是一种讲究韵律美的语言，这一点也反映在法语句子成分的韵律上。每个节奏组的长度依次递增或递减。为了做到这一点，法语中除了疑问句、插入语和诸如 peut-être, aussi 位于句首等的主谓倒装规定外，对长主语一般也采取倒装的形式，以满足节律上的需要。如：

*Avec les premiers rayons du soleil / se mirent à chanter / les oiseaux.*

*Se présenteront à cinq heures / tous les étudiants qui ont échoué à l'examen.*

在工程技术法语中也常出现长主语倒装的情况，所以在工法句法结构分析中，要注意分析和把握这种情况，以利工法理解和翻译的准确性。如：

*Est considéré comme éclairage de secours ou installation de secours **tout système fixe qui, lors d'une interruption imprévisible de la tension d'alimentation, s'allume immédiatement et permet sans intervention manuelle d'éclairer les locaux, les circulations, les issues de secours et la signalisation pendant la durée du défaut ou au minimum pendant une heure après son enclenchement, dans une température ambiante comprise entre 0 et 50 degrés C°...*** （本句主语的修饰语太长，所以主语放在后面比较合适。）

应急照明或应急设施是指：在供电意外中断时，无需人工介入就能自动照亮的所有固定系统，它们能在故障期间、或至少在启动后一个小时内、在 0–50℃的常温条件下照亮现场、通道、紧急出口和指示标志。

*Viscosité : c'est la résistance qu'opposent, **les molécules d'un liquide quelconque**, à une force tendant à les déplacer.* （动词明显比主语短，间宾更长，所以有这样的排列。）

黏度：是指某种液体分子的阻力，可以抵抗让分子移动的力量。

## 4.7 泛指代词 on 的翻译处理

On 在法语中用于表示不需要说明或不愿意说明的指人的主语。工程技术法语中描述操作规程和工程行为时并不一定要针对某个或某些具体的人，通常用 on 表示，而在被动态中，on 一般都被取消。汉语中无需说明的指人的主语一般不提及。所以在工程技术法语的句子成分分析时，on 是主语，但翻译成汉语时不应该译出这个主语。如：

On se lave les mains avant de manger.

先洗手后吃饭。

在工程技术法语中，这类情况更多：

*Afin d'accélérer le processus, **on** peut introduire des cristaux de* *sucre (souvent du sucre glace) d'une taille de cinq à dix microns dans la chaudière (c'est l'étape du grainage).*

为了加快进程，可引入 5 到 10 微米大的糖晶（大多是冰糖）到煮锅中（这就是放种工序）。

*A la fin de l'étape de centrifugation /évaporation, qui peut avoir été effectuée jusqu'à trois fois, **on** obtient à côté des sucres de deuxième et troisième jets, un résidu sirupeux : la mélasse.*

在最多可达三次的离心／蒸煮工序之后，除了二效和三效白糖之外，还获得一种糖浆状残余物——废蜜。

*Pour les aciers de très haute qualité, **on** utilise le four électrique à induction sous vide par bombardement d'électrons ou électrodes consommables.*

对于高质量的钢，一般使用真空感应电磁炉，采用电子轰击或自耗电极的方式。

***On** distingue les aciers perlitiques (6% nickel/2% chrome au maximum) très employés en construction mécanique et les aciers austénitiques qui possèdent une charge en nickel et en chrome plus importante et qui constituent les aciers inoxydables\* (chrome 18%, 8% nickel) et certains aciers réfractaires*

分为珠光体钢和奥氏体钢，前者最多含 6% 镍和 2% 铬，被广泛用于机械制造，而后者含的镍铬更多，主要指不锈钢（18% 铬，8% 镍）和某些耐火钢。

## 4.8  工程技术法语的句子成分

在工程技术法语翻译中更应该注意句子成分的分析。工程技术文件非常专业，对相关的背景知识的了解能帮助认知上的逻辑推理，帮助对文件的理解，但是对工程技术法语译员来讲，工程技术专业知识本身就是一道难以逾越的坎，所以在翻译时就更应该重视句子成分的分析，从语法角度弄清词与词之间的支配或修饰关系，以达到准确翻译的目的。

### 4.8.1　工程技术法语的"修饰语"

为了提高工程技术法语理解和翻译的效率，不受元语言缜密的限制，在工程技术法语的句子成分分析中，将修饰语、补语（副词、形容词和介词补语例外）、关系从句全部称为"修饰语"。即凡是对一个名词起修饰、补充说明作用的词、词组或分句统统称为修饰语。如：

*Sans obéir à des lois **physiques bien précises**, l'existence **de gisements de pétrole dans un endroit** est fonction **de deux critères élémentaires** :*

油层的存在并不都严格遵循物理规律，它在某地的存在是基于以下两条基本标准：（***physiques bien précises*** 是 *des lois* 的修饰语；***de gisements de pétrole dans un endroit*** 是 *l'existence* 的修饰语；***élémentaires*** 是 *deux critères* 的修饰语。）

*Déclarations indiquant les effectifs du candidat, l'outillage, le matériel et l'équipement technique **dont l'entrepreneur dispose pour l'exécution de l'ouvrage***

投标单位为实施本项目所具备的人员、施工机械、设备和技术装备的介绍。（关系从句 ***dont l'entrepreneur dispose pour l'exécution de l'ouvrage*** 是 *les effectifs du candidat, l'outillage, le matériel et l'équipement technique* 的修饰语。）

*enduit prêt à l'emploi : projeté sur le mur avec un matériel spécifique, il est rapide à poser et peu sensible aux mouvements **affectant la maison dans les premiers mois suivant la construction**.*

商品灰浆：可使用专用设备喷在墙上，施工快捷，几乎不受建筑完工后头几个月位移的影响。（现在分词 *affectant* 是 *affectant la maison dans les premiers mois suivant la construction* 的中心词，它是名词 *mouvements* 的修饰语。）

*Les hydrocarbures (pétrole) doivent s'être formés dans des terrains propices que l'on qualifie de roche mère.*

碳氢化合物（石油）应该形成于"**地利**"的地方，**那就是被称之为母岩的地方**。（形容词 *propices* 是名词 *des terrains* 的修饰语；关系从句 *que l'on qualifie de roche mère* 是词组 *des terrains propices* 的修饰语。）

从上面的例子可以看出，工程技术法语的修饰语在译成汉语时，都译作定语。修饰语是法语句法中的二级句子成分，对主语、宾语以及状语中的名词中心词起补充说明的作用，译成汉语时用作定语是比较合适的。但西方语言常常出现大肚子修饰语的情况，如果在汉译时把这种很长的修饰语用作定语，读起来就很困难，这不符合工程技术法语翻译的第三条原则——标准汉语的要求。在这种情况下，翻译时可把修饰语处理成一个起解释说明作用的独立句子。如上述最后一个例句。但在修饰语单独翻译成句时，应注意重复中心词。如：

*Un gisement pétrolier est en équilibre à la pression de fond, qui peut atteindre plusieurs centaines de bars.*

油层与地下的压力是平衡的，**它**（或：**该压力**）可能达到数百巴。

*Au début de la vie du puits, le pétrole parvient spontanément à la surface, propulsé par plusieurs facteurs qui peuvent éventuellement se cumuler, mais qui faiblissent rapidement.*

在油井寿命之初，石油在多种因素推动下会自动来到地面，**这些因素**可能会同时出现，但很快会减弱。

小结一下：1. 可以充当工程技术法语修饰语的词（组）有：现在分词、过去分词、形容词、关系从句、名词（或名词组）、不定式。2. 修饰语翻译成汉语时，一般都处理为定语，如果修饰语太长，可处理成起解释作用的独立句子。

#### 4.8.2 工程技术法语的同位语

工程技术法语中同位语也是对一个名词或代词的进一步说明，但其所指对象与被说明的名词或代词所指对象是同一个对象，不是两个不同的对象。所以在翻译前，要做到准确理解。翻译时可以用"，"，或"是"、"即"等表示，也可以用括号的方式进行解释。如：

*Malick Sy - Pikine : Ressources publiques, **Etat** / Partenaires au développement*

*Pikine – Diamniadio : Partenariat public privé, 60% **Etat** / Partenaires au développement, 40% **privé***

马克利西 – 皮基那路段：公共资源，**国家** / 开发合作伙伴

皮基那 – 迪昂尼亚迪奥路段：公私合作，**国家** 60% / 开发合作伙伴，**私人** 40%

*Les valeurs s'envolent par exemple très rapidement quand les véhicules dépassent les 130 km/h, **vitesse maximale autorisée en France.***

比如，如果汽车超过了130km/h（**法国的最高限速**），排放值会迅速飙升。

工程技术法语中还有一类同位语，同样是对一个名词或代词进行补充说明，但是补充说明其状态，类似于状语。如：

*Il faut secouer légèrement les extincteurs à poudre **la tête en bas.*** （**la tête en bas** 是直接宾语 *les extincteurs à poudre* 的同位语，补充说明其被摇晃时的状态。）

须将干粉灭火器**头朝下**轻轻摇晃。

#### 4.8.3 长难句的分析与翻译步骤

首先谈谈工程技术法语（以下简称"工法"）句子成分的划分，虽然很基础，但必须形成概念，以利后面工法句子分析的展开。有的提法与普通法语相同，有的做了调整，其目的是提高工法理解和翻译的效率：

**工法一级成分：**

- <u>主语</u>支配动词，是施动者。被动态则反之。

- <u>动词</u>就是谓语。

- <u>宾语</u>是动词的对象，是受动者。故不及物动词、间接及物动词没有被动态。

- <u>表语</u>是系动词的对象。

- <u>状语</u>修饰动词。表明动作发生的时间、地点、原因、条件等等。分词从句归入状语理解。

**工法二级成分**

- <u>修饰语</u>是对名词、名词组、代词的补充说明。它们常常伴随着主语、宾语、表语或状语中的名词或代词。

- <u>同位语</u>是对一个名词的补充说明。

- <u>补语</u>是补充说明一个形容词或副词。

它们的法语名称如下：

主语：sujet

动词（谓语）：verbe (prédicat)

宾语（直宾与间宾）：complément d'objet (direct ou indirect)

表语：attribut

状语：complément circonstanciel de ...

修饰语：épithète

同位语：apposition

补语：complément

在工法中，常出现很多长难句，由于背景知识的欠缺，难以进行逻辑推理，故需要译者仔细理清句子中的支配与修饰关系。对于工法长难句，我们可以按下面的步骤进行分析和翻译。

**工法长难句的理解与翻译步骤：**

① 分清单句还是复句

② 在每个单句（分句）中划分成分。一级成分：主语，动词（谓语）、

宾语（表语）

③ 二级成分：修饰语、状语、同位语、补语。注意：状语列入二级成分处理。

④ 翻译一级成分：主谓宾（表）

⑤ 翻译二级成分：状修同补

⑥ 将二级成分添加在对应的中心词上。

⑦ 调整汉语的表达，使之符合中文的阅读习惯。


EX.1

*Le présent certificat repose sur les résultats obtenus dans le cadre de contrôles réalisés conformément à nos spécifications et à notre système de qualité.*

① 分清单句还是复句？

本句只有一个变位动词 *repose*，是单句。

② 在每个单句（分句）中划分成分。一级成分：主语，动词（谓语）、宾语（表语）

主语 *Le certificat*，动词 *repose*。

③ 二级成分：修饰语、状语、同位语、补语。

修饰语一：*présent*，修饰主语。

修饰语二：*obtenus dans le cadre de contrôles réalisés conformément à nos spécifications et à notre système de qualité* 的中心词是过去分词 *obtenus*，其它为中心词的状语，因为中心词是分词，可以有自己的状语、宾语表语等。而 *obtenus* 修饰状语中的名词 *les résultats*。

修饰语中可继续分析（三级分析）：*dans le cadre de contrôles réalisés conformément à nos spécifications et à notre système de qualité* 中的过去分词 *réalisés* 是 *contrôles* 的修饰语，而 *réalisés conformément à nos spécifications et à notre système de qualité* 的中心词是 *réalisés*，其它为中心词的状语。因为中心词是分词，可以有自己的

状语、宾语表语等。

状语：*sur les résultats*

同位语：无

补语：无

④ 翻译一级成分：主谓宾（表）

*Le certificat repose.*

*检测报告建立。*

⑤ 翻译二级成分：状修同补

修饰语一：*présent* 本

修饰语二：*obtenus dans le cadre de contrôles réalisés conformément à nos spécifications et à notre système de qualité* 根据我们的规定及质量保证体系所进行的检测中所获得的

其三级成分修饰语 *réalisés conformément à nos spécifications et à notre système de qualité* 翻译成：根据我们的规定及质量保证体系所进行的

状语：*sur les résultats* 在……结果的基础上的

⑥ 将二级成分添加在对应的中心词上。

本检测报告是建立在根据我们的规定及质量保证体系所进行的检测中所获得的检测结果的基础上的。

⑦ 调整汉语的表达，使之符合中文的阅读习惯。

本检测报告根据检测的结果编制，而检测是按照我们的规定及质量保障体系进行的。


EX.2

*La garantie ne porte sur aucune propriété ou spécificité particulière et nous garantissons uniquement la qualité dans le cadre de nos conditions générales de livraison qui seules ont valeur contractuelle dans nos rapports avec nos clients.*

① 分清单句还是复句

有 *porte* 和 *garantissons* 两个变位动词，是复句。变位动词 *ont* 是关系从句的动词，关系从句是修饰语，故不作为分句的动词。

因为第一个单句成分简单，下面不再分析和翻译。而仅以第二个分句举例。

② 在单句（分句）中划分成分。一级成分：主语，动词（谓语）、宾语（表语）

*Nous garantissons la qualité*

③ 二级成分：修饰语、状语、同位语、补语。注意：状语列入二级成分处理。

状语一：*uniquement*

状语二：*dans le cadre de nos conditions générales de livraison*

修饰语一：*de livraison* 修饰状语中的复合名词 *conditions générales*

修饰语二：*qui seules ont valeur contractuelle dans nos rapports avec nos clients* 修饰状语中的复合名词 *conditions générales*。关系从句还可以进行三级成分划分，主语 *qui*；主语同位语：*seuls*；动词：*ont*；宾语 *valeur*；宾语修饰语：*contractuelle*；状语：*dans nos rapports avec nos clients*

④ 翻译一级成分：主谓宾（表）

*Nous garantissons la qualité*

*我们担保质量*

⑤ 翻译二级成分：状修同补

状语一：*仅仅*

状语二：*在一般条款的范畴内*

修饰语一：*送样*

修饰语二：*是我们与顾客之间唯一有合同效力的文件*

⑥ 将二级成分添加在对应的中心词上。

加状语：*我们仅仅在一般条款的范畴内担保质量*

加修饰语：*我们仅仅在送样一般条款的范畴内担保质量，*

加状语的修饰语：*而送样的一般条款是我们与顾客之间唯一有合同效力的文件*（关系从句修饰语太长，单独成句，注意重复中心词。）

⑦ 调整汉语的表达，使之符合中文的阅读习惯。

*我们仅仅在送样一般条款的范畴内担保质量，而送样的一般条款是我们与顾客之间唯一有合同效力的文件*


EX.3

*Ce processus dit d'épuration ou de purification se fait généralement par chaulage simple (défécation) dans le cas de la canne à sucre ou de chaulage et carbonatation dans le cas de la betterave sucrière.*

① 只有一个变位动词 *se fait*，所以是单句。

② 一级成分：*Ce processus se fait* 翻译：流程进行

③ 二级成分：状语 *généralement*、*par chaulage simple ( défécation) dans le cas de la canne à  sucre ou de chaulage et carbonatation dans le cas de la betterave sucrière.* 翻译：*一般、对于甘蔗通过中和或对于甜菜通过中和及碳酸化处理*

主语修饰语：*dit d'épuration ou de purification* 翻译：*被称为清净或清洁的*

④ 全句翻译：*这个被称为清净或清洁的流程对于甘蔗一般通过简单的中和或对于甜菜一般通过中和及碳酸化处理进行。*

⑤ 调整汉语的表达：*甘蔗的清净或清洁工序一般通过简单的中和完成，而甜菜一般通过中和及碳酸化处理完成。*


EX. 4

*a.* *l'élimination* *des ions calcium* *évite l'encrassage* *de l'équipement employé lors des étapes ultérieures d'évaporation et de cristallisation.*

*除掉可以避免结垢。*

*b.* *l'élimination **des ions calcium** évite l'encrassage **de l'équipement** employé lors des étapes ultérieures d'évaporation et de cristallisation.*

除掉钙离子可以避免设备结垢。（**ions calcium** 是名词修饰名词，后面修饰前面）

*c.* *l'élimination des ions calcium évite l'encrassage de l'équipement **employé lors des étapes ultérieures d'évaporation et de cristallisation.***

*除掉钙离子可以避免后面的蒸发和结晶工序所使用的设备结垢。*

EX.5

*a.* *Pour les bâtiments industriels et artisanaux soumis à la procédure d'approbation des plans en vertu de la législation du travail, **elle n'est** toutefois **applicable** qu'en dehors du domaine de la protection des travailleurs.*

它适用

*b.* *Pour les bâtiments industriels et artisanaux **soumis à la procédure d'approbation des plans en vertu de la législation du travail,** elle n'est toutefois applicable qu'en dehors du domaine de la protection des travailleurs.*

*根据劳动法规须（事先）审批图纸的*

*c.* *Pour les bâtiments industriels et artisanaux soumis à la procédure d'approbation des plans en vertu de la législation du travail, elle n'est **toutefois** applicable **qu'en dehors du domaine de la protection des travailleurs.***

*对于根据劳动法规须（事先）审批图纸的工业用房和手工作坊，它仅适用于劳动保护之外的部分。*

通过上面的方法可以提高工法翻译的准确性。虽然刚开始采用很细致的方式，注意划分句子成分，可能很费时间，而且难度较大，但是只要经过练习，掌握了方法，可以过渡到例句 EX4 和 EX5 的简化方式。一旦能够驾驭之后，理解和翻译效率会大幅很高，尤其是翻译的质量会大幅度提升。下面是一个练习题：请按上述的方法对下面句子进行分析和翻译：

Afin de rendre le traitement ultérieur plus aisé, les tronçons de canne vont successivement passer dans un séparateur magnétique qui va permettre de retirer les éventuels bouts de métal qui risqueraient d'endommager les machines, puis vers un défibreur qui va broyer les cannes.

# 第五章
# 工程技术法语翻译的体裁与领域控制

　　所谓工法翻译的体裁和领域控制就是要实现译本和源文本在体裁、术语上的一致，既要体现源文本的风格和文件格式，同时又要保证文本所使用的术语符合专业领域的通用表示法。要实现上述目标，必须注意四个方面的问题：源文本的语言特点、源文本所涉领域的相关背景知识、符合该领域的平行术语和文件的体裁。

　　不同的工法文本格式，采用的语法格式也有所不同，如《产品使用说明书》多采用命令式和不定式来表达祈使，而非 que+ 虚拟式等其它形式，但《产品标准》却多采用简单将来时来表示必须要做到的要求等。同样，一个拼写完全相同的词汇可能会出现在不同行业领域，但在不同的行业领域中其表示的意义却完全不同，所以应该遵循该词汇在不同行业领域中按各自对应平行术语进行互译的原则。体裁也是工法译员应该掌握的知识，体裁都有目的性，如为了投标、询价、申请贷款、销售产品、解释操作、规定公差等等，只有明白了该体裁的目的和相关背景知识，才能在语言转换过程中控制质量，让译本实现符合源文本的目的。

## 5.1　工程技术法语翻译涉及的领域与文章格式

　　凡是工程项目上所遇到的法语都是工程技术法语翻译的范围。从大类上划分，有基础工程技术法语和专业工程技术法语。前者指的是每个领域都可能涉及到的法语，如水、电、气、仪表、消防、机械、标准、招投标等。几乎每一个工程项目都不可能离开它们。故基础工程技术法语是本书讨论的重点。我们也要讨论部分专业工程技术法语，主要涉及建筑、堤坝、道路、交通、汽车、航空、核电等行业，因为它们是我国与法语国家在国际经济合作频率最高的领域，所以对这些行业的专业工程技术法语进行讨论非常必要。

工程技术法语的文章格式也不同于一般法语文章，它有自己的规律和规范。每种格式也不相同，差异较大。需要分别进行探讨。这些主要的格式有：标准、招投标书、图纸、材质报告、产品使用说明书、产品检验报告、工艺流程说明、会计报表、生产报表、合同文件、定单、概算书等。这些格式都是工程项目中实际使用的文件形式，是真实的文件（document authentique），最能反映真实情况的工法文本体裁。

本章将就上面提到的领域和重点的文件格式逐一展开讨论。

## 5.2 使用说明书的翻译

使用说明书（le mode d'emploi）的翻译主要应该注意两种式态的使用和《安全卡》的翻译。下面逐一举例说明。

### 5.2.1 不定式

产品使用说明书除了介绍产品的结构特点之外，主要还是对产品的使用发出指令，对详细的操作步骤给出明确安排。法语中表示祈使的语法方式很多，但使用说明书大多采用不定式和命令式，故在汉译法时需要注意。下面通过一篇煤气管道安装说明书的翻译先介绍使用不定式的例子：

**原文：**

1. 取需要的 BARBI 管件和对应尺寸的 GLADIATOR 垫圈。

2. 将橡胶圈装在管件头上。

3. 将 GLADIATOR 圆环套在管子上，要做到圆环的大头对着管子的端头。

4. 按您调校 PER BARBI 管子的方法，对 GLADIATOR 管进行调校。

5. 安装上已调校好适合于管件的 GLADIATOR 管子。

6. 使用我们的 BARBI 压钳，将圆环推到挨着接头和垫圈的位置。

7. 用这种方法，可以快速获得一个可靠的接头，而且使用寿命无与伦比。（50 年以上）

**译文：**

*1. **Prendre** l'accessoire BARBI désiré et le joint GLADIATOR au diamètre correspondant.*

*2. **Monter** le joint de gomme sur la tétine.*

*3. **Introduire** la bague GLADIATOR sur le tuyau de telle manière que le diamètre le plus important de la bague reste près du bout du tube.*

*4. **Ajuster** le tube GLADIATOR de la même manière que vous le feriez avec 1 tuyau PER BARBI.*

*5. **Monter** le tuyau GLADIATOR ainsi ajusté à l'accessoire.*

*6. A l'aide de notre presse BARBI **faire** glisser la bague jusqu'à ce qu'elle soit en contact avec le corps du raccord et le joint.*

*7. De cette manière nous obtenons 1 raccord rapide fiable et avec une durée de vie inégalée (plus de 50 ans.)*

源文本有配图，结合配图，译本使用者很快就能明白这种煤气管道接头的安装方法，快速准确地完成安装。

### 5.2.2 命令式复数第二人称

如果工程指令口气强烈,如对安全或十分必要的操作要求进行强调时，一般采用命令式复数第二人称。

**原句：**

备好足够数量的细砂浆，要一次性抹完所有地面。标准大小的房间，原则上需要一满桶砂浆。将砂浆倾倒在地上……

**翻译：**

*Préparez* assez de mortier de ragréage pour recouvrir la surface à traiter en une seule fois. Pour une pièce standard, un plein seau est en principe suffisant. *Déversez* le produit sur le sol.

### 5.2.3 《安全卡》的翻译

　　几乎所有的产品都配有《安全卡》，是提示用户该产品或机械可能存在的危险，当意外情况发生时，应该采取什么措施来处理。《安全卡》的难度不大，但有的人以为不影响产品的使用，而忽略了《安全卡》的翻译，这是极其不负责任的态度，有可能造成严重的后果。

　　下面是某个产品《安全卡》的摘要：

L'extrait de la fiche de données de sécurité (FDS):

Mesures de lutte contre l'incendie:

Poudre d'extinction, mousse ou eau pulvérisée. Combattre les foyers importants par de l'eau pulvérisée ou de la mousse résistant à l'alcool.

Produits extincteurs déconseillés pour des raisons de sécurité : Jet d'eau à grand débit.

　　《安全卡》节选：

　　消防措施：

　　干粉、泡沫或喷水雾灭火。大型火灾喷水雾或泡沫灭火，泡沫可阻止酒精挥发。

　　为了安全，不准（推荐）使用的灭火产品：大流量喷水。

Dangers particuliers dus au produit, à ses produits de combustion ou aux gaz dégagés :

Peut être dégagé en cas d'incendie : Monoxyde de carbone (CO) Anhydre sulfureux (S02)

　　产品本身、产品的燃烧生成物或产品释放的气体可能引发的特别险情：

火灾时可能释放：一氧化碳、二氧化硫。

*Equipement spécial de sécurité :*

*Dans des espaces clos il faut utiliser un respirateur indépendant de l'air pulsé.*

特殊安全设备：

在封闭空间，应使用独立于鼓（送）风机的呼吸器。

*Autres indications:*

*Refroidir des récipients en danger avec jet d'eau atomiseur.*

*Rassembler séparément l'eau d'extinction contaminée, ne pas l'envoyer dans les canalisations. Les résidus de l'incendie et l'eau contaminée ayant servi à l'éteindre doivent impérativement être éliminés conformément aux directives administratives*

其它注意事项：

对危险的容器采用喷水雾降温。

单独（分开）收集灭火用过的污水，不要排到下水道。火灾残余物和灭火用过的污水须按政府（行政）规定清理。

产品《使用说明书》是工法翻译中较简单的文件格式，通过上面的几个例子基本可以了解操作规程的陈述方式。虽然简单，但用的地方却很多，只要有产品的地方，都会有使用说明书。所以，掌握好《使用说明书》的翻译要点是非常有用的。

## 5.3 图纸的翻译

工程技术项目离不开图纸，不同的图纸分别有不同的目的、内容和侧重点。

下面是一个热水器工作《示意图》示例，通过它，我们可以大概了解图纸的构成：

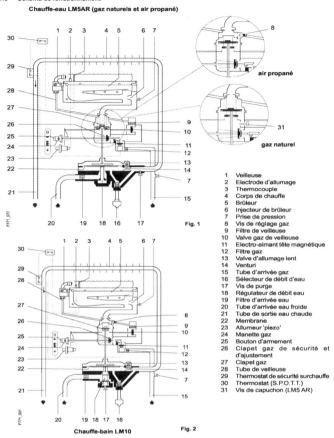

1.5   Schéma de fonctionnement

Chauffe-eau LM5AR (gaz naturels et air propané)

air propané

gaz naturel

Fig. 1

Chauffe-bain LM10

Fig. 2

1   Veilleuse
2   Electrode d'allumage
3   Thermocouple
4   Corps de chauffe
5   Brûleur
6   Injecteur de brûleur
7   Prise de pression
8   Vis de réglage gaz
9   Filtre de veilleuse
10  Valve gaz de veilleuse
11  Electro-aimant tête magnétique
12  Filtre gaz
13  Valve d'allumage lent
14  Venturi
15  Tube d'arrivée gaz
16  Sélecteur de débit d'eau
17  Vis de purge
18  Régulateur de débit eau
19  Filtre d'arrivée eau
20  Tube d'arrivée eau froide
21  Tube de sortie eau chaude
22  Membrane
23  Allumeur 'piezo'
24  Manette gaz
25  Bouton d'armement
26  Clapet gaz de sécurité et d'ajustement
27  Clapet gaz
28  Tube de veilleuse
29  Thermostat de sécurité surchauffe
30  Thermostat (S.P.O.T.T.)
31  Vis de capuchon (LM5 AR)

　　图纸一般由各种制图（或图片）和文字说明两部分组成。其中，制图自身就能表示意义，而文字说明对制图更是起到画龙点睛的作用。图纸语言有其自身特点，翻译时要遵循其规律。另外，图纸翻译完成后，还应该保留原有的格式，要在译本中完整再现原文本格式并非易事，需要采用一定的方法。

### 5.3.1 图纸的分类

工业图纸（le dessin industriel) 是一种技术语言，技术人员通过图纸可以了解技术产品的实物和其基础部件和零件。工业图纸分为总图（le dessin d'ensemble）和部件图（le dessin de définition）。

作为译员首先应该知道即将翻译的是什么图纸，因为只有了解图纸的用途，才能准确把握图纸翻译的篇章控制，不至于将加工图翻译成了安装图，也不会在示意图的翻译中出现在施工图等图纸翻译中才有的准确数据。

不同的图纸有不同的用途，以下为工法翻译中常见图纸类型的中法文名称及其用途：

| | |
|---|---|
| 工程技术图 | le dessin technique （用于指导加工和生产，有准确的尺寸和公差等） |
| 安装图 | le plan de montage （用于指导装配流程和方式） |
| 示意图 | le schéma （用于呈现基本的构造） |
| 施工图 | le plan de construction （用于指导施工，有准确尺寸） |
| 方位图 | le plan de localisation （用于标明建筑的位置和方位） |
| 总 图 | le plan d'ensemble （用于展示整体构造） |
| 分解图 | la vue éclatée （用于展示构成整体的各个部分） |
| 细部图 | le plan en détail （用于对局部位置放大呈现） |
| 剖面图 | la coupe （用于展示内部构造） |
| 前视图 | la vue de face （用于展示物体正面投影） |
| 左视图 | la vue de gauche （用于展示物体左面投影） |
| 右视图 | la vue de droite （用于展示物体右面投影） |
| 后视图 | la vue d'arrière （用于展示物体后面投影） |
| 俯视图 | la vue de dessus （用于展示物体顶面投影） |
| 仰视图 | la vue de dessous （用于展示物体底面投影） |

### 5.3.2 图纸主要术语

| | |
|---|---|
| 图 鉴 | le cartouche（图鉴位于图纸的右下方，主要标明以下内容） |
| 零部件名称 | le nom de la pièce |
| 所属机件名称 | le nom du mécanisme dont elle est issue |
| 绘图人 | le nom du dessinateur |

| 投影方式 | le mode de projection |
|---|---|
| 完图时间 | la date de dernière modification |
| 比例尺 | une échelle |

### 5.3.3 图纸说明文字的语言特点

图纸的说明文字，为了节约版面，一般都很精练，常常采用动名词代替动词。但在翻译时，要注意词性的合理转换和处理，使之符合汉语的表达习惯，以便技术人员准确和方便地理解。例如：

**原文：**

-RODAGE A LA FACE **A** INTERDIT

-PHOSPHATATION P1B norme  B 15 1100 SUIVANT SCHEMA ISTL S 2211021

-CARBONITURE TREMPE A HUILE NORME B 15 2220 SUR LES PARTIES BRUTES A MESURER EN **X** E 650 0,25 A 0,45 APRES RECTIFICATION DE LA FACE **A** E 650≥ 0,20 WV 10≥ 700

-CES VALEURS DE RUGOSITE SONT A CONTROLER AVANT PHOSPHATATION

**译文：**

——禁止对 A 面进行研磨

——按示意图 ISTLS 2211021 进行 P1b 磷化处理，执行标准：B 15 1100

—— 对毛面进行碳氮共渗油淬，执行标准：B 1S 2220，X E 650 处应控制在 0.25 至 0.45，A 面精加工后应控制在 E 650 ≥ 0.20 WV10 ≥ 700。

——磷化前，须检查这些表面粗糙度值。

### 5.3.4 图纸翻译的排版处理

图纸的翻译，涉及译文的排列问题，如果源文本图纸是 PDF 格式的，要使译本保持在格式风格上与源文本保持一致，要使用图画、Adobe 等各种软件。如果不会使用，不仅会导致翻译处理麻烦、文件传输困难，而且还可能让译本的受众无法读懂。下面介绍一种简单的、一般人都可以使用的图纸翻译排版方法，其具体的流程如下：

——将原稿的 PDF 文件，用 Adobe 打开。

——另命名保存文件为 PDF 文件

——凭借 Open PDF 软件，用 word 打开 PDF 文件。

——拷贝 Word 文档中的技术图纸，在图画软件中黏贴，将翻译的文字插入，插入时一定放在对应原文的位置，以保证源文本的风格和可读性。

——然后再拷贝，粘贴到正式的译稿中。

之所以采用这样的方法，是因为我们使用的 Adobe 软件没有编辑功能，只能查阅。而且需要翻译的大多数文件，都是国外的 PDF 文件。当然现在随时都有新的软件出现，如截屏软件，就可以简化上述的前三道程序。但无论采用何种方法，都要注意译文的排列位置，始终注意译本图纸能保持源文本图纸的风格和可读性。因为图纸中的图与说明文字是相互配合表意的，说明文字挪动位置就可能产生歧义和错误理解。

下面是一个版面处理后的示意图，左为处理前，右为处理后：

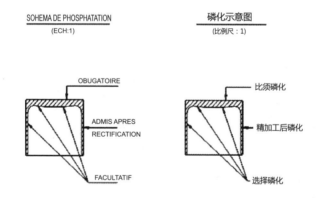

## 5.4 "标准"的翻译

### 5.4.1 关于"标准"

每种产品都有自己的标准，它是产品在生产和采购、销售环节中需要达到的性能指标。工程技术项目施工也要遵循各种标准，项目中采用的原材料、辅料都需要符合标准。但每个国家的标准也有所不同。中国按等级分为国家标准（GB）、行业标准（其代号一般按行业名称拼音首字母编排，如建筑工业行业标准代号为 JG，水利行业为 SL）、地方标准（DB）、企业标准（QB）。各国的标准代号也不尽相同，法国和国际上常见的一些通行标准有：

| AFNOR | Association française de normalisation 法国标准化协会标准 |
|---|---|
| NF | Norme française 法国标准 |
| NF EN | les normes européennes éditées par l'AFNOR 法国标准化协会编制的欧洲标准 |
| NF ISO | les internationales éditées par l'AFNOR 法国标准化协会编制的国际标准 |
| NF EN ISO | les internationales reprises dans la collection européenne 法国标准化协会编制的且纳入欧洲标准的国际标准 |
| CEN | Comité européen de normalisation 欧洲标准化委员会标准 |
| ISO | L'Organisation internationale de normalisation 国际标准化委员会标准 |
| ANSI | American National Standards Institute 美国标准化协会标准 |
| ASTM | International : American society for testing and material 美国材料检测所标准 |
| BSI | British Standards Institute 英国标准化协会标准 |
| DIN | Deutsches Institut für Normung 德国标准化协会标准 |
| NBN | Institut belge de normalisation 比利时标准化协会标准 |
| JSA | Japanese Standards Association 日本标准化协会标准 |

法语与英语不同，关于"标准"，法语有两个词：la norme 和 le

standard。它们的区别是：Normes 是经权威机关批准并正式发布实施的标准；而 standard 是某个实体首先实行而得到其它同行认可的标准，也称"事实标准（standard de facto）"。如法国的 CD 标准，就属于"事实标准"。

法国标准分为正式标准 (HOM)、试行标准 (EXP)、注册标准 (ENR) 和标准化参考文献 (RE)4 种。

要注意，同样材质的产品在每个国家其标准代号是不一样的，如：

| 品种 | 美国 | 英国 | 中国 | 德国 | 日本 | 法国 |
|------|------|------|------|------|------|------|
| 建筑钢材 | ASTM A36 | BS4360/43A | GB2005 | DIN 17100 | JIS G3101 | NF A 35-501 |
| 钢筋网 | ASTM A615 | BS4449 | GB1499 | DIN488 | JIS G3112 | NF A 35-015 |
| 热轧钢板 | ASTM A569 | BS1449 | GB709 | DIN 1016 | JIS G3131 | NF EN10048 |
| 冷轧板 | ASTM A366 | BS1449 | GB708 | DIN 1623 | JIS G3141 | NF EN10140 |
| 镀锌钢材 | ASTM A527 | BS/ EN10143 | GB5066 | DIN/ EN10143 | JIS G3302 | NF EN15773 |

在所有的工程合同文件和技术文件中，涉及到工程的质量、选用材料的质量等技术指标，都会明确标明按什么标准来检验和验收，所以在翻译工法文件时一定要注意"标准"翻译的准确性。下面举例介绍某个招标文件中所规定要执行的标准：

**原文：**

| NF.EN 1304 | Norme Européenne *Tuiles de terre cuite pour pose en discontinu*<br>édition 1998     *Définitions et spécifications des produits.* |
|------|------|
| NF.EN 538 | Norme Européenne *Tuiles de terre cuite pour pose en discontinu.*<br>édition 1994     *Détermination de la résistance à la rupture par flexion* |

| | |
|---|---|
| NF.EN 539.1 | Norme Européenne *Tuiles de terre cuite pour pose en discontinu.*<br>édition 1994    *Détermination des caractéristiques physiques*<br>Partie 1 : *essai d'imperméabilité.* |
| NF.EN 539-2 | Norme Européenne *Tuiles de terre cuite pour pose en discontinu.*<br>édition 1998    *Détermination des caractéristiques physiques*<br>Partie2 : *essai de résistance au gel.* |
| *NF.EN 1024* | Norme Européenne *Tuiles de terre cuite pour pose en discontinu*<br>édition 1997    *Détermination des caractéristiques géométriques* |
| *NF X 06 – 022* | *Application de la statistique*<br>édition 1991 *Sélection de plan d'échantillonnage pour le contrôle par comptage de la proportion d'individus non conformes ou du nombre moyen de non-conformité par unité* |
| *DTU  40 - 21 I*<br>*NFP 31-202* | *Couverture en tuile de terre cuite à emboîtement ou à glissement à relief.*<br>*Edition* : octobre 1997 |
| *DTU  40 .22 I*<br>*NFP 31-201* | *Couverture en tuile canal de terre cuite.*<br>édition: 6 mai 1993 et son additif décembre 1996 |
| *DTU  40 .23 I*<br>*NFP 31 .204* | *Couverture en tuile plate de terre cuite.*<br>édition: septembre 1996 |

**译文：**

| | |
|---|---|
| NF.EN 1304 | 欧洲标准《非连续铺设的陶瓦》<br>1998 版《产品定义及其规格》 |
| NF.EN 538 | 欧洲标准《非连续铺设的陶瓦》<br>1994 版《抗弯断裂强度的规定》 |
| NF.EN 539.1 | 欧洲标准《非连续铺设的陶瓦》<br>1994 版《物理性能的规定》<br>第 1 部分：《防渗测试》 |

| NF.EN 539–2 | 欧洲标准《非连续铺设的陶瓦》<br>1998 版《物理性能的规定》<br>第 2 部分：《抗冻测试》 |
|---|---|
| NF.EN 1024 | 欧洲标准《非连续铺设的陶瓦》<br>1997 版《几何尺寸的规定》 |
| NF X 06 – 022 | 《统计方法》<br>1991 版《统计不合格品比例或单位不合格品平均数的检测的取样方式的选 择》 |
| 法国建筑统一技术规范 40 – 21 I<br>NFP 31 – 202 | 《承插陶瓦或滑接陶瓦屋面》1997 年 10 月版 |
| 法国建筑统一技术 规 范 40 .22 I<br>NFP 31 – 201 | 《陶制槽瓦屋面》1993 年 5 月 6 日版及其 1996 年 12 月的附录。 |
| 法国建筑统一技术 规 范 40 .23 I<br>NFP 31 .204 | 《陶制平瓦屋面》1996 年 9 月版 |

### 5.4.2　《标准》翻译的要求

5.4.2.1 源语和目标语《标准》不一致的处理。在工法《标准》的翻译中，常出现目标语中没有相关《标准》或相关《标准》与源语《标准》有差异的情况，要做到高质量的翻译需要通过查询不同《标准》的转换关系，准确掌握源文本《标准》的相关规定或要求，在译注中加以说明，便于目标语读者正确理解和使用翻译后的《标准》。查询的办法可利用现代互联网技术，进入各个《标准》组织的网站，仔细核对相关指标，标出对应关系，供目标语读者选用。这是译文的一个组成部分，不可或缺。如果仅仅是将原文的《标准》照抄过来，目标语读者无法看懂译文，肯定会再一次追问，译者还得对译文再次加工。例如：

**原文：**

*No DE LOT: B*

*Coulée:88871　　　nuance:16MC5PSC*

**译文：**

批次：B

铸钢：88871　　牌号：16MC5PSC

（译注：16MC5PSC 为渗碳处理的钢。普通名称：退火的 16MnCr5G。欧标 EN10027−2 的编号：1.7131。德国代号：16MnCr5G。法国代号：16MC5 退火 /16MC5/NFA35−552 ）

5.4.2.2 标准多为强制性的，所以常常明确规定应该怎样，应达到什么要求。上限下限是什么。同时往往采用简单将来时表示应该达到的要求和需要采取的行为。在翻译时，应该将简单将来时的语气翻译出来，如"应……"。

**例一：**

*Eclairage des signaux de secours et des indicateurs de direction*

*1. Lorsqu'un éclairage des signaux de secours et des indicateurs de direction pour les voies d'évacuation et les sorties est exigé, **il sera** conçu et réalisé comme éclairage de sécurité (voir art. 114 ss).*

*2. Lorsque l'éclairage n'est pas requis, les signaux de secours et les indicateurs de direction **seront** de préférence phosphorescents.*

应急标志和方向标志的照明

1.　如果逃生通道和出口的应急标志和方向标志被要求照明的话，就**应**按安全照明的标准进行设计和施工。（见第 114 条 SS ）

2.　如果不要求照明，那逃生通道和出口的应急标志最好**应**是磷光的。

**例二：**

**6) Boîtes de connexion. Dispositif Connexion Luminaire DCL :**

• 　*Boîte de connexion :*

*- obligatoire si la canalisation est encastrée.*

*- non obligatoire si la canalisation est en saillie et si le matériel est pourvu de bornes de raccordement réseau (ex. hublot, …).*

- *Boîte de connexion pour alimentation des points d'éclairage :*

*- si la fixation est dans un plafond, elle doit être prévue pour la suspension de luminaire avec une charge d'un minimum de 25 kg.*

*- fixation de la boîte à la structure du bâtiment.*

- *DCL :*

*- obligatoire en présence d'une boîte de connexion.*

- *Champ d'application DCL :*

*- luminaire de courant nominal ≤ 6 A.*

*- conditions des influences externes ≤ AD2.*

- *Conséquences dans le logement :*

*- DCL obligatoire dans tous les locaux, excepté :*

*> extérieur.*

*> volume 0 - 1 et 2 de la salle de bains.*

*> buanderie.*

6）接线盒、灯具接线装置

- 接线盒：

——如果是暗线，必须用接线盒。

——如果是明线而且器材本身配有电网接线端子，就可以不用。（如：插口）

- 为照明点供电的接线盒：

——如果固定在天花板上，就应考虑到灯具的悬挂，要有至少25公斤的承载力。

——把接线盒安装在建筑的结构上。

- 灯具接线装置：

——必须有一个接线盒。

- 灯具接线装置的使用范围：

——额定电流小于或等于6A的灯具

——小于或等于AD2的外部影响条件。

- 因而在住宅中就要做到：

——每个住房都必须安装照明接线装置，除了室外、浴室的０、１和２区域、洗衣间。

从上面的例子中可以看出，标准的语言非常明确，什么可以做，什么不能做，做到什么程度都有明确的描述，语言一点不含糊。译稿也应该有同样的风格。

5.4.2.3 不同的测试方法，会有不同的测试结果，所以标准会规定测试方法。如下面的例子：

**原文**

| Caractéristiques contrôlées | Méthode d'essai | unité | Tolérance | |
|---|---|---|---|---|
| | | | Limite minimale | Limite maximale |
| Apparence | Méthode 2300 1 / 1 Observation visuelle | | Poudre en suspension dans un liquide | |
| Teneur en solides | Méthode 2300 677 / 1 100 g / 95°C / 1 H ISO 3452-2 | % | 15,8 | 19,3 |
| Densité du fluide porteur | Méthode 2300 5 / 1 Densimètre à 20°C | | 0,746 | 0,825 |
| Teneur en Soufre | Méthode 2300 680 / 1 ASTM E 165 (annexe 4) | ppm | 0,0000 | 1,0000 |

**译文**

| 检测项目 | 测试方法 | 单位 | 允许值 | |
|---|---|---|---|---|
| | | | 下限 | 上限 |
| 外观 | 方式 2300 1 / 1 目测 | | 液体中含有悬浮粉末 | |
| 固体物含量 | 方式 2300 677 / 1 100 g / 95° C / 1 小时 ISO 3452-2 | % | 15.8 | 19.3 |
| 液态载体浓度 | 方式 2300 5 / 1 密度计 在 20° C | | 0.746 | 0.825 |
| 硫含量 | 方式 2300 680 / 1 ASTM E 165（附件 4） | ppm | 0.0000 | 1.0000 |

总之，标准是一个要求准确度极高的文件，翻译时除了保持其文风，还应该了解其构成，同时要参照正式的文件给出必要的注解，满足目标语读者的需求。

## 5.5 招投标书的翻译

招投标书的翻译是工法翻译中最重要的翻译内容之一。几乎所有的工程项目都从招投标（appel d'offre et soumission）开始，招投标做得好与坏直接决定企业业务开展的好坏。翻译在国际招投标工作中的作用不可低估。无数的实践经验证明，招投标文件翻译不到位常常直接影响招投标的结果：比如将雨刮翻译成抹布而失去高铁合同，又比如签的是投标包干价，但却要追加工程款等，这样的例子俯拾皆是，带来的麻烦和诉讼也不少，甚至有的公司还因此倒闭。这其中原因很多，对标书翻译不重视、质量把控不严是一个重要的原因，从而造成标书翻译质量缺陷，严重影响了招投标的正确操作。因此，必须重视标书的翻译，下面就标书翻译的几个重要方面进行介绍。

### 5.5.1 招投标的基本流程

| | |
|---|---|
| 发出招标书 | lancer l'appel d'offre |
| 审查投标人资格 | sélectionner les candidatures |
| 收取标书 | recevoir les soumissions |
| 评　　标 | évaluer les offres |
| 开　　标 | notifier le marché |
| 授予合同 | attribuer le marché |
| 签订合同 | signer le contrat |

### 5.5.2 招标的三种基本形式

公开招标（Procédure ouverte）、议标（Procédure négociée sans publicité）和小范围限制招标（Procédure restreinte）是招投标最基本的

三种形式：

**公开招标**：所有承包商，供应商或是提供服务的单位都能报价（在政府采购中，公众均可报价）的合同签订程序。（Procédure ouverte: la procédure de passation dans laquelle tout entrepreneur, fournisseur ou prestataire de services peut présenter une offre (dans le cas des marchés publics, les offres sont ouvertes en public. )

**议标**：由政府招标部门、公共企业或私人招标单位向它们所选择的承包商，供应商或是提供服务的单位询价，并与其中一家或几家单位商议合同条款的合同签订程序。（Procédure négociée sans publicité: la procédure de passation dans laquelle le pouvoir adjudicateur, l'entreprise publique ou l'entreprise adjudicatrice consulte les entrepreneurs, fournisseurs ou prestataires de services de son choix et négocie les conditions du marché avec un ou plusieurs d'entre eux. )

**小范围限制招标**：所有的承包商，供应商或是提供服务的单位都可以申请投标，但仅有那些被政府招标部门、公共企业或私人招标单位选中的竞标人可以提供报价的合同签订程序。（Procédure restreinte: la procédure de passation à laquelle tout entrepreneur, fournisseur ou prestataire de services peut demander à participer et dans laquelle seuls les candidats sélectionnés par le pouvoir adjudicateur, l'entreprise publique ou l'entité adjudicatrice peuvent présenter une offre.)

### 5.5.3　几个基本术语

**中标人**：被授予合同的投标人。（Adjudicataire: le soumissionnaire auquel le marché est attribué.)

**竞标人**：有意愿参与合同筛选的承包商，供应商或是提供服务的单位。（Candidat: l'entrepreneur, le fournisseur ou le prestataire de services qui introduit une demande de participation à un marché en vue d'une sélection. )

**投标申请：**竞标人愿意参加获取合同的竞争而提交的清楚明确的书面表达。（Demande de participation: la manifestation écrite et expresse d'un candidat en vue d'être sélectionné dans une procédure de passation.）

**承包商：**提供合同中的工程施工服务的所有自然人、法人、公共事业单位、或者这些自然人与法人所在的团体，或机构。（Entrepreneur: toute personne physique ou morale ou entité publique ou groupement de ces personnes ou organismes qui offre la réalisation de travaux ou d'ouvrages sur le marché.）

**标段：**由政府招标部门、公共企业或私人招标单位对一个项目或合同的细分，这个合同可以分别签订，原则上是为了分开执行该合同。（Lot: la subdivision par le pouvoir adjudicateur, l'entreprise publique ou l'entité adjudicatrice d'un projet ou d'un marché susceptible d'être attribuée séparément, en principe en vue d'une exécution distincte.）

**报价：**投标人按其呈报的条件并根据合同文件执行合同的承诺。（Offre: l'engagement d'un soumissionnaire d'exécuter le marché aux conditions qu'il présente et sur la base des documents du marché.）

**选择项：**应政府招标部门、公共企业或私人招标单位的要求，抑或是投标人自主提出的、并不一定是实施合同所必需的附属内容。（Option: un élément accessoire et non strictement nécessaire à l'exécution du marché, qui est introduit soit à la demande du pouvoir adjudicateur, de l'entreprise publique ou de l'entité adjudicatrice, soit sur l'initiative du soumissionnaire.）

**投标人：**提交合同报价的承包商、供应商、提供服务的单位或被选中的竞标人。（Soumissionnaire: l'entrepreneur, le fournisseur, le prestataire de services ou le candidat sélectionné qui remet une offre pour un marché.）

**许可变动：**跟据政府招标部门要求或是投标人自己提出的一个改变设计或施工内容的方式。（Variante: un mode alternatif de conception ou d'exécution qui est introduit soit à la demande du pouvoir adjudicateur, soit sur l'initiative du soumissionnaire.）

**招标细则：**对需要提供的产品或服务的所有基础规格型号和要求的详细描述，以及其实施或施工的方法的详细描述，用于在所有参与者之间规范各种要求并作为解释的依据，以保证各方能达成一致意见。（Cahier des charges: description visant à définir exhaustivement les spécifications de base d'un produit ou d'un service à réaliser, ses modalités d'exécution,servant à formaliser les besoins et à les expliquer aux différents acteurs pour s'assurer que tout le monde est d'accord.）

**评级机构：**给建筑企业评级的独立组织。（Qualibat: organisme indépendant de qualification des entreprises du bâtiment, permettant aux particuliers de trouver pour leurs travaux des professionnels sélectionnés pour leurs compétences techniques et leur sérieux.）

**工商登记证：**证明企业法人地位的官方文件。（Kbis: Document officiel attestant de l'existence juridique d'une entreprise commerciale, délivré par le registre du commerce et des sociétés, et qui est la "carte d'identité" de l'entreprise.）

### 5.5.4 《招标细则》的翻译

在招投标文件翻译中，《招标通知》的翻译其实相对简单，最难而且工作量最大的是《招标细则》的翻译，其专业技术性非常强，会牵涉到本书介绍的许多背景知识、查询技巧和翻译方法。《招标细则》的翻译实际上反映了工程技术法语翻译的综合能力，技术性特别强。下面看几个例子，来理解《招标细则》的翻译难度、体会翻译处理方法：

**例一：《招标细则》对屋顶所采用标准的规定：**

**原文：**

### 3.0.1. NORMES ET REGLEMENTS

*Les travaux de charpente, couverture, seront réalisés conformément aux prescriptions techniques des Cahiers des Charges D.T.U. n° 30 / 40 / 43, et suivant les règles de calcul. Les matériaux mis en œuvre, ainsi que leurs conditions de mise en œuvre, seront toujours conformes aux normes en vigueur, les éléments préfabriqués seront conformes aux avis techniques.*

*Les études de charpente, les matériaux et les conditions de mise en œuvre, seront conformes aux règles de l'art et en conformité avec l'ensemble des règlements et normes et en particulier, (sans que cette liste soit limitative) :*

*• Normes françaises AFNOR.*

*• Cahier des charges D.T.U. n° 30/40/43.*

*• Règles de calcul NV 65-67 leurs additifs et annexes, modifiés par N 84 pour la neige.*

*• Les divers avis techniques des matériaux mis en œuvre.*

*• Règlement de sécurité contre l'incendie et règles F.A, (et annexe).*

*• Normes*

*NF.EN 1304 - Norme Européenne Tuiles de terre cuite pour pose en discontinu.*

*édition 1998 Définitions et spécifications des produits.*

*NF.EN 538 - Norme Européenne Tuiles de terre cuite pour pose en discontinu.*

*édition 1994 Détermination de la résistance à la rupture par flexion*

*NF.EN 539.1 - Norme Européenne Tuiles de terre cuite pour pose en discontinu.*

*édition 1994 Détermination des caractéristiques physiques*

*Partie 1 : essai d'imperméabilité.*

*NF.EN 539-2 - Norme Européenne Tuiles de terre cuite pour pose en discontinu.*

*édition 1998 Détermination des caractéristiques physiques*

*Partie2 : essai de résistance au gel.*

*NF.EN 1024 - Norme Européenne Tuiles de terre cuite pour pose en discontinu*

*édition 1997 Détermination des caractéristiques géométriques*

*NF X 06 – 022 Application de la statistique*

*édition 1991 Sélection de plan d'échantillonnage pour le contrôle par comptage de la*

*proportion d'individus non conformes ou du nombre moyen de non-conformité par unité*

*• DTU - Normes*

*DTU 40 - 21 I NFP 31 - 202 Couverture en tuile de terre cuite à emboîtement ou à glissement à relief. Edition : octobre 1997*

*DTU 40 .22 I NFP 31 - 201 Couverture en tuile canal de terre cuite.*

*édition: 6 mai 1993 et son additif décembre 1996*

*DTU 40 .23 I NFP 31 .204 Couverture en tuile plate de terre cuite.*

*édition: septembre 1996*

## 译文：

### 3.0.1. 标准和规定

屋架和屋面工程应按照法国建筑统一技术规范第 30 / 40 / 43 款的细则中的技术规定，并根据计算规则进行施工。使用的材料、及其适用条件均应符合现行的标准，预制件应符合技术通知书。

屋架的设计、材料和适用条件应符合施工规范，并与所有的规定和标准一致，尤其应与下列规定和标准一致（非完全罗列）：

- 《法国国家标准》

- 法国建筑统一技术规范第 30 / 40 / 43 款的细则

- NV 65–67 计算规则，及其有关承载大雪的 N 84 修改的附录和附件。

- 所使用材料的各种技术通知。

- 防火规定和 F.A 规则（及附件）。

- 标准：

NF.EN 1304 – 欧洲标准《非连续铺设的陶瓦》

1998 版《产品定义及其规格》

NF.EN 538 – 欧洲标准《非连续铺设的陶瓦》

1994 版《抗弯断裂强度的规定》

NF.EN 539.1 – 欧洲标准《非连续铺设的陶瓦》

1994 版《物理性能的规定》

第 1 部分：《防渗测试》

NF.EN 539–2 – 欧洲标准《非连续铺设的陶瓦》

1998 版《物理性能的规定》

第 2 部分：《抗冻测试》

NF.EN 1024 – 欧洲标准《非连续铺设的陶瓦》

1997 版《几何尺寸的规定》

NF X 06 – 022《统计方法》

1991 版《统计不合格品比例或单位不合格品平均数的检测的取样方式的选择》

法国建筑统一技术规范 – 标准

法国建筑统一技术规范 40 – 21 I NFP 31 – 202 《承插陶瓦或滑接陶瓦屋面》1997 年 10 月版

法国建筑统一技术规范 40 .22 I NFP 31 – 201《陶制槽瓦屋面》1993 年 5 月 6 日版及其 1996 年 12 月的附录。

法国建筑统一技术规范 40 .23 I NFP 31 .204 《陶制平瓦屋面》1996 年 9 月版

从例一可以看出，招标书中《招标细则》的翻译需要借助工法翻译所要求的所有四项能力。（1）要具备招投标、建筑屋面和《标准》等方面的背景知识，要明白源文本是招标书的构成部分，是对屋面施工选择采用《标准》的规定；同时还要具备对屋面构成的基本常识和《标准》的常识，需要利用这些背景知识来支撑翻译过程的完成。（2）要具备查询和翻译专业术语的能力，如其中的"承插陶瓦""滑接陶瓦""规范""规定""规则""细则""标准"等。（3）要清楚源文本的体裁是《招标细则》，除了格式上要符合《招标细则》的要求，同时在语气方面要体现对施工要求的严格性。（4）对法语语言文字驾驭能力和翻译技巧也显然是必备的。事实上，选择不同的标准，对工程质量的要求就有所不同，从而建筑造价也会有差异，相应的报价也会不同。所以，《招标细则》的准确翻译一方面需要较高的工法翻译综合能力，另一方面对招投标的成败起着很重要的作用。

**例二：建筑屋面标段《招标细则》中对屋面施工的具体要求。**
**原文：**

### 3.1. DESCRIPTION DES TRAVAUX

*GENERALITES*

*Le présent article comprend tous les éléments de charpente bois nécessaires, constituant l'ossature des extensions du bâtiment, les contreventements, les pannes pour les couvertures, l'ossature pour les terrasses en couverture étanchée, les déposes et adaptations nécessaires aux extensions des couvertures existantes en tuiles, les déposes et adaptation des ouvrages de zinguerie nécessaires aux extensions des couvertures existantes, les ouvrages annexes, etc....*

*Les plans architectes définissent les volumes à mettre en œuvre, la position des divers éléments constitutifs de la charpente et les modules. L'entrepreneur aura à sa charge toutes les études techniques et il définira en justifiant ses calculs, le type, les assemblages et les éléments de la charpente qu'il propose. Il devra dans tous les cas respecter les* dispositions réglementaires imposées par les D.T.U., principalement pour la qualité des bois et la réalisation des assemblages.

Dans le cadre du prix forfaitaire, l'entrepreneur devra toutes les sujétions de fourniture et de mise en œuvre et notamment:

• Les études, calculs, dessins, devis de poids et les nomenclatures nécessaires à l'établissement du projet et à l'exécution des constructions bois suivant les dispositions des règles en vigueur.

• La fourniture des matières entrant dans la composition des ouvrages, y compris pièces spéciales.

• La mise en œuvre de ces matières, comprenant l'usinage et l'assemblage en atelier.

• Le chargement à l'usine, le transport et le déchargement à pied d'œuvre.

• L'établissement des aires de montage.

• Toutes manutentions, transports et main d'œuvre nécessaires pour le montage, le réglage, l'assemblage définitif et le scellement des charpentes.

• La fourniture des échafaudages, engins et appareils nécessaires au montage.

• L'exécution des épreuves de chargement prévues dans les textes officiels, y compris fourniture et mise en place des charges et appareils de mesure.

Cette liste n'est pas limitative et l'entrepreneur devra l'ensemble des fournitures et frais de main d'œuvre nécessaire à la finition complète des ouvrages.

L'entrepreneur adjudicataire devra faire toutes observations et toutes réserves, s'il estime que la conception de certains ouvrages est incompatible avec la bonne tenue dans le temps ou avec la stabilité des ouvrages. Si ces observations ou réserves n'étaient pas formulées, la responsabilité de l'entrepreneur pourrait être seule mise en cause.

Il appartiendra à l'entrepreneur adjudicataire du présent lot, après études personnelles des portées et des charges à supporter, de définir les sections des bois. Il sera tenu de fournir tous justificatifs, notes de calcul, concernant les études de la charpente, ainsi que tous les plans d'exécution et plans de détails.

A partir des plans du dossier d'appel d'offres, l'entrepreneur adjudicataire du présent lot aura à sa charge: Les études, les dessins d'exécution et de détail conformes à ses propres méthodes d'exécution, dans le cadre du présent descriptif.

Avant toute exécution, l'entrepreneur établira et soumettra à l'agrément de l'architecte et du bureau de contrôle, tous les dessins et notes de calcul qui comprendront pour chaque ouvrage : un descriptif, l'évaluation des charges permanentes ainsi que celles des surcharges, le calcul des éléments de l'ouvrage, détermination des efforts et des contraintes maxima, stabilité au flambement, assemblages, etc...

Les charpentes bois devront être calculées pour supporter les poids morts des complexes de couvertures, et les ouvrages annexes. En plus des surcharges dues à ces poids morts, l'entrepreneur tiendra compte des surcharges climatiques prise en compte dans les conditions précisées dans les textes normatifs en vigueur. A ces charges  et surcharges s'ajouteront les charges suspendues en sous face des éléments de charpente, (faux- plafonds, luminaires, gaines, etc....), il appartiendra à l'entrepreneur titulaire du présent lot de se reporter aux plans des divers lots techniques pour le calcul de ces surcharges.

Il est bien entendu que dans le cas d'augmentation des sections des profils de charpente, et ce quelles qu'en soient les raisons, il ne sera alloué à l'entrepreneur aucune indemnité ou aucune augmentation de son offre de prix forfaitaire.

*L'entrepreneur est tenu de décomposer son offre de prix forfaitaire, suivant les différents éléments de charpente mis en œuvre, avec l'indication des volumes prévus.*

*Les bois seront en sapin du nord pour la charpente traditionnelle et pour la charpente constituée de fermettes et en bois résineux d'importation pour la charpente lamellé-collé. Tous les bois de charpentes mis en œuvre, seront de la meilleure qualité, ils seront sains, sans flaches, nœuds vicieux, pourriture, échauffure, roulure, ils devront répondre aux qualités définies par les normes.*

*Les bois de charpente devant rester apparents, seront soigneusement rabotés et poncés sur toutes les faces vues. Tous les bois devront être traités conformément aux classes 2, (bois abrités), ou 3, (bois non abrités), de la norme N.F. B 50 100, (procédé par trempage minimum), avant prise en compte du risque des termites. L'entrepreneur devra la fourniture des certificats de traitement, (attestation de traitement préventif et étiquette informative du produit de traitement à communiquer au bureau de contrôle).*

*L'entrepreneur devra assurer le contreventement complet de toute la charpente et il devra prévoir également tous les chevêtres nécessaires pour les différents passages, (sorties hors toitures des groupes de V.M.C., des souches diverses, des lanterneaux, etc....).*

*Les crampons ou connecteurs, (plaques d'assemblage), utilisée devront avoir fait l'objet d'un avis technique. Les pièces métalliques servant à la fixation ou à l'ancrage seront protégées par une couche de chromate de zinc. Il devra être fait usage de pointes torsadées pour toutes fixations bois sur bois, les pointes directement soumises aux intempéries seront en acier cadmié.*

*L'entrepreneur du présent lot devra fournir à l'entreprise de gros œuvre, toutes les précisions concernant les emplacements, dimensions, etc. ... de toutes les engravures et trous à réserver dans les ouvrages de gros œuvre. Dans l'hypothèse d'une remise tardive de ces informations, les modifications qui s'avéreraient nécessaires, seront imputées à l'entrepreneur titulaire du présent lot.*

*Avant mise en œuvre de ses ouvrages, l'entrepreneur titulaire du présent lot, devra réceptionner les supports et il devra prévoir à sa charge toutes les réservations et les calfeutrements nécessaires à la mise en place des ouvrages de charpente. L'entrepreneur du présent lot devra s'entendre avec les entrepreneurs des lots ventilations et plomberie pour préciser les emplacements de toutes les sorties en toiture.*

*Le levage et le montage des divers éléments de charpente seront exécutés avec soin de manière à éviter toutes déformations et d'assurer leur mise en place exacte aux emplacements prévus. Des étais et des contreventements provisoires devront être prévus pour assurer la stabilité des ouvrages jusqu'au montage complet, aux réglages et aux scellements définitifs.*

**翻译：**

### 3.1. 工程说明书

概述

本章节包含所有木质屋架所需的部件，包括房屋扩建的骨架，风撑拉条、屋面的桁条、带顶露台的骨架、现有瓦屋面扩建所必须进行的拆除和施工方法，现有屋面扩建所必须进行的镀锌铁皮的拆除和施工方法，附属工程等等。

建筑平面图确定了要使用的体积，各个构件的位置和式样。承包单位将负责全部的技术设计并通过计算确定其推荐的屋架的类型、拼结方式和构件。在任何情况下，承包商都应遵守法国建筑统一技术规范所强制要求的主要有关于木材质量和拼结施工的规定。

在承包价格内，承包单位应负责材料供应和安装，并且尤其是：

• 设计、计算、图纸、重量测算和按现行规定编制方案及进行木结构施工所需清单。

• 提供进入工程使用的材料，包括特殊的零件。

• 使用这些材料，包括加工和在工厂的组装。

• 在工厂的装车、运输、和现场的卸车。

• 设立安装场地。

• 所有的搬运、运输和安装、调试、最后组装、固定所需的劳动力。

• 提供安装所需的脚手架、机械和机具。

• 进行官方文件所规定负荷实验，包括提供并安装负荷和测量机具。

本清单为非限制性的，承包单位负责提供全部材料和人工费用，直至工程完工。

中标单位如果认为某些工程项目设计会影响耐久性和稳定性，应作出说明，并提出保留意见。否则，只能由承包企业独自承担责任。

本标段的中标单位，经过对承载范围和负荷的自行研究，负责确定木材的截面积。承包单位负责提供所有与屋架设计有关的依据、计算记录、以及所有施工图和细部构造图。

根据招标文件的图纸，本标段中标单位应负责：本《说明书》范围内的设计、与自己的施工方法一致的施工图和细部构造图。

在开始施工前，承包企业应准备好所有图纸和计算记录，并报建筑设计师和监理办公室批准。文件包括：说明、正常负荷以及超负荷的估算，工程各部件的计算，确保最大容许负荷和应力，压弯时的稳定性，组装等。

木屋架应按承载屋面整体的净重和附属工程的方法计算。除了这个净重引起的超负荷外，承包企业应考虑到现行标准所提到的气候超负荷。除了这些负荷和超负荷，还有屋架下方悬挂的负荷（吊顶、灯具、穿线管等等），本标段的中标企业应参考其它标段的技术图纸，计算这些超负荷。

如果需要增大屋架的尺寸，无论什么原因，承包单位都不能得到补偿或提高承包价。

承包单位应按照屋架的不同部件，拆分承包价格，并注明预计的体积。

传统屋架和三角形屋架（框架型屋架）采用杉木，多层胶合木屋架采用进口针叶木。使用的所有屋架木材应是最好质量的、规整的，无凹陷、烂节、腐质、变质、轮腐，应符合标准所规定的质量。

因为屋架木材暴露在外，所以应仔细刨平、砂光能看见的面。所有木材应按《N.F. B 50 100 标准》的二级标准处理（避风雨的木材）或三级标准处理（不避风雨木材），另外，还应考虑蚂蚁的威胁。承包企业应提供处理的证书（预防性处理的证明、处理时所用材料的标签，需提交监理办公室）。

承包企业应当保证整个屋架的支撑，并预留各个通道的开口（集中送风系统在屋顶的出口、各种冒出屋面的部分，屋顶上塔楼等）。

使用的扒钉或连接件（连接板）应符合技术通知的内容。用于固定或锚定的金属件应涂铬酸锌保护层。木材与木材之间的固定应采用扭绞钉，直接暴露于风雨的钉子应是镀锌钢材质的。

本标段承包单位应向主体工程承包单位提供需要在主体工程中预留的嵌接和孔洞的位置、尺寸等的详细资料。假如没有及时提供资料，或者必须要修改，将由本标段承包企业负责。

在实施工程前，本标段承包单位应检查验收基座，并且自行负责安装屋架所需的全部准备工作和嵌缝材料。本标段承包企业应与送风、管道标段的承包单位协调确定所有在屋顶上的出口的位置。

起吊和安装屋架的各个部件应仔细施工，以避免各种变形，保证准确就位。应准备临时支架和拉条，以保证工程的稳定性，直至全部安装、调试和最终固定完成。

例二是某个招标书中《招标细则》的节选，其内容仅占该细则全部内容的很小一部分，本节选仅涉及到对该标段承包商在建筑屋面施工时应该负责的准备和设计工作、以及与其它标段承包商的衔接要求。这段文字还远没有涉及在施工技术、施工规格、工期和验收等方面的内容。可见，招投标的翻译工作量非常大，需要借助工法的翻译辅助工具和翻译项目管理方面的技巧以提高效率和翻译质量。同时我们也不难发现《招标细则》规定得非常细，技术性特别强，需要较高的综合工法翻译能力，保证译本的质量。因为招标书是投标书的依据和基础，所以，《招标细则》的翻译质量也决定了投标书制作的质量，从而影响投标的成败。

### 5.5.5 招标文件中联系方式的翻译处理

联系方式的目的是为了将标书投递到位，或到准确的地方去取相关行政和技术文件等，所以除了联系方式的名称，如电话（tél.）、传真（télécopieur）、电子邮件（courriel）等之外，其他一律严格按照目的地所使用的语言原文抄录。因为只有这样，目的地投递员才能做到准确投递。地址不需要翻译，因为地址翻译后，很难还原，反倒影响到文件的送达。如果坚持要翻译，也一定要保留原文。例如：

**原文：**

***Adresse à laquelle les offres/candidatures/projets/demandes de participation doivent être envoyés :***

*Communauté de Communes de la Porte des Hautes Vosges.*

*12 bis, rue du Général Humbert, 88200 Remiremont, tél. : 03-29-22-11-63, télécopieur : 03-29-23-39-61, courriel : bureax@ccphv.fr.*

**译文：**

**报价 / 申请 / 方案 / 参加申请应寄到的地址：**

Communauté de Communes de la Porte des Hautes Vosges. 上沃热省拉博尔特市政府

12-1, rue du Général Humbert, 88200 Remiremont, 电话： 03-29-22-11-63, 传真： 03-29-23-39-61, 电邮： bureax@ccphv.fr.

### 5.5.6 投标书的翻译

在中国公司参加的国际投标中，就投标书而言，与其说是翻译，不如说是制作。因为往往在招标书中就已经规定投标书包括报价书的格式，只需将相关内容按规定和要求进行填写，同时按《招标通知》的要求呈递相关证明自己公司实力和技术能力的资料。下面介绍一个投标函的格式文本：

**原文：**

### *Formulaire de soumission*

*PAR ADJUDICATION RESTREINTE*

*PAR* _____

*Maître de l'ouvrage : Nom : _____N° agréation S.W.L. :*

               *Adresse :*

☐ *CONSTRUCTION*

☐ *RENOVATION     DE LOGEMENT(S) SITUE(S) A_____*

☐ *ENTRETIEN*

*LOT(S) _____*

*_____*

*Je (Nous) soussigné(e)(s) _____*

*profession ou qualité_____*

*représentant la société _____*

*adresse _____, rue _____ n° _____*

*inscrit au registre de commerce de _____ sous*

*le n° _____*

*_____, déclare (déclarons) avoir pris connaissance du (des) marché(s) et en accepter formellement les clauses et conditions : en conséquence, par la présente, je m' (nous nous) engage (engageons) solidairement sur mes (nos) biens et immeubles, à exécuter ce (ces) marché(s) conformément aux documents précités pour le(s) prix forfaitaire(s) hors T.V.A. ci-après.*

Lot _____EUR_____

Lot_____ EUR _____

Lot _____EUR _____

Lot _____EUR _____

Ce(s) prix pourra (pourront) être éventuellement rectifié(s) suivant les modalités prévues par l'A.R. du 08/01/1996.

Je (Nous) déclare (déclarons) :

A. Etre de nationalité_____

B. Etre inscrit au répertoire des entreprises agréées sous le n° ____

_____en (sous) catégorie _____ classe _____

C. Etre titulaire du numéro de T.V.A.

D. Etre enregistré conformément à l'article 90, §5 de l'A.R. du 08/01/1996 sous le n°

E. Etre titulaire d'un compte financier n° _____

auprès de _____

au nom de _____

Les sommes dues du chef de ce(s) marché(s) pourront être valablement versées à ce compte.

F. Les sous-traitants que je désignerai et le personnel que j'emploierai seront de nationalité (A.R. 08/01/1996, art. 90,§1, 3°) _____

G. Les matériaux non originaires des états membres de la Communauté Européenne à mettre en œuvre pour l'exécution de ce marché, (A.R. 08/01/1996–art. 90,§1, 4°) sont : _____

_____ (joindre une liste éventuellement).

H. Etre immatriculé à l'O.N.S.S. sous le n° _____ .

Une attestation concernant la situation de mon (notre) compte envers l'O. N.S.S. se référant à l'AVANT-DERNIER trimestre écoulé est annexée à la présente.

*I. En signant ce formulaire de soumission, les soumissionnaires assument la responsabilité inconditionnelle telle qu'exigée par l'article 2.1.1. du cahier spécial des charges S.W.L/T/2002. Ils certifient avoir vérifié la parfaite concordance du métré récapitulatif annexé à la présente avec toutes les mentions prévues à la soumission et au métré récapitulatif fourni par le Maître de l'ouvrage.*

*Toutes mentions contraires au modèle prévu par le Maître de l'ouvrage sont réputées non-écrites, exception faite des postes dont les quantités ont été modifiées conformément à l'article 112 de l'arrêté royal du 08/01/1996 qui, avec les omissions, figurent en dernière page de l'offre.*

*J. S'engage à respecter la circulaire du Ministère de la Région Wallonne du 23/02/1995 relative à l'organisation de l'évacuation des déchets dans le cadre des travaux publics en Région Wallonne (M.B. du 16/09/1995).*

*D'autre part, j'(nous) autorise (autorisons) le Maître de l'ouvrage et la Société Wallonne du Logement à prendre toutes informations utiles de nature financière, technique ou morale au sujet de ma (notre) personne (firme) auprès de tiers et administrations publiques.*

*Fait à _____, le _____*

*Le(s) soumissionnaire(s)*

**译文：**
## 投标函格式

通过有限制招标（内部招标）
通过 _____

建设单位：名称：　　瓦隆公司的批准书编号：

　　　　　　　地址：

☐ 新建

☐ 翻新 _____ 住宅，其位于：

☐ 维修


标段：


我（我们）是：

职业或身份：

代表 _____ 公司：

公司地址：　　街，　号，

在 _____ 市的工商注册号是：

谨此郑重申明：我（我们）知悉该合同，并正式接受其条款和条件，因此，我（我们）通过本投标函，并以我（我们）的财产和不动产做担保，承诺以如下税前包干价格并按照上述的文件执行合同：

　　标段：_____，_____ 欧元

　　标段：_____，_____ 欧元

　　标段：_____，_____ 欧元

　　标段：_____，_____ 欧元

该价格可以按照 1996 年 1 月 8 日的皇家政令所规定的办法调整。

我（我们）谨此申明：

A. 我（我们）的国籍是：

B. 注册（特许）企业库的编号：　类别：　　等级：

C. 具有增值税纳税资格。

D. 按照 1996 年 1 月 8 日的皇家政令的第 90 条第 5 款的规定注册，注册号是：

E. 我们拥有 ____ 银行的 _____ 帐号。开户名：

本合同业主的应付款可有效地转到该账户。

F. 我采用的分包商和雇用的员工将是 _____ 国籍（1996 年 1 月 8 日的皇家政令的第 90 条第 1 款第 3 项）

G. 执行本合同所使用来自于非欧共体成员国材料是（1996 年 1 月 8 日的皇家政令的第 90 条第 1 款第 4 项）_____

（可另加页）

H. 已在比利时国家社保局登记，登记号为 _____。有关我（我们）的倒数第二个季度的在社保局的账目情况的证明材料已附在本投标函之后。

I. 投标人通过签署本投标函，无条件地承担瓦隆住宅公司的 T/2002 号特别招标细则所要求的责任。投标人保证附在本投标函后的汇总数据完全符合投标书中的内容和建设单位提供的汇总数据。

不符合建设方规定模板的内容均视为无效（即视为：未提交），但根据 1996 年 1 月 8 日的皇家政令的第 112 条对数量进行修改的项目除外，它们连同遗漏项均应写在报价书的最后一页。

J. 承诺遵守 1995 年 2 月 23 日瓦隆大区有关在瓦隆大区的公共工程中废物清除规定的部长通告。


此外，我（我们）许可建设方和瓦隆住宅公司对我本人（我们公司）的财务、技术和品行方面的情况向第三方和政府管理部门进行查询。


　　　年　月　日签于 _____ 。

投标人


除了上面报出的标段包干价，标书还需要提供包干价的明细表，详细罗列包干价的构成。在国际招标中，明细表一般是汉译法，而且主要是技术术语的翻译，所以一定要注意术语的目标语表达法，翻译过程中可参考以往同类工程明细表的译本，翻译后要验证翻译的准确性。下面是一个包干价明细表节选：

**原文：**

## 01-6. 现有砖瓦工程的修复工程

01–6.1. 楼道开口的修复

楼道平台下抹平的钢筋混凝土封闭墙，以及模板和钢筋架 0.750 m³

两处钢筋混凝土墙头的修复，以及模板和钢筋架 0.360 m³

01–6.2. 在现有砖瓦工程上开孔

30 x 30 供各种穿线 4 个

01–6.3. 在现有砖瓦工程中的预埋项目

嵌入式灯具的预埋，包括模板 5 组

01–6.4. 在现有砖瓦工程上开口子

用于水池水管穿墙的开口，以及封口 长度 5.00 米

用于电气套管穿墙的开口，以及封口 长度 13.00 米

01–6.5. 穿墙后的封口

包括现有墙体中的插座，模板和钢筋 1.300 m³

01–6.6. 回收墙帽的重砌

原有开口封堵后的重砌 长度 2.00 米

与新的开口等高的重砌，包括过梁承柱 长度 3.00 米

修复工程总计 01–6. =

**译文：**

### 01-6. OUVRAGES en REPRISES sur MACONNERIE EXISTANTE

01-6.1. REPRISE de l'OUVERTURE du PALIER

Blocage BA arasé sous palier, cis coffrage + armatures m³ 0,750

Reprise des 2 têtes de mur en BA, cis coffrage + armatures m³ 0,360

01-6.2. PERCEMENTS dans MACONNERIE EXISTANTE

Percements de 30 x 30 pour passages divers U 4

01-6.3. RESERVATIONS dans MACONNERIE EXISTANTE

Réservations pour luminaires encastrés, compris coffrage U 5

*01-6.4. SAIGNEES dans MACONNERIE EXISTANTE*

*Saignées pour passage tuyauterie fontainier, cis rebouchage ML 5,00*

*Saignées pour passage fourreaux électricité, cis rebouchage ML 13,00*

*01-6.5. REBOUCHAGE de PASSAGE*

*Compris prises dans murs existants, coffrage + armatures m³ 1,300*

*01-6.6. REPOSE des COURONNEMENTS de MURS RECUPERES*

*Repose sur ancien passage rebouché ML 2,00*

*Repose au droit du passage créé, compris jambages ML 3,00*

*TOTAL OUVRAGES en REPRISES 01-6. =*

## 5.6 技术参数的翻译

所谓技术参数就是对产品性能指标的数据描述，如锻压比，延伸断裂强度等，在工程技术项目的翻译中会大量遇到，尤其是机械设备。但机械设备各国均有自己的产品序列和规格型号，甚至于有的厂家还有自己的一套编制，因而各自的技术参数也不尽相同，所以在翻译时按正常的要求进行即可，这里不再赘述。本章重点是讨论材料的技术参数，这是因为材料虽然各国都有自己的名称和牌号等，但其构成成分有相同性，工法翻译可以利用这种相同性进行一些工作。

材料的技术参数应该从三个方面看：一是材质，一般从产品名称就可以看出，这里不作讨论，如铝合金、有机玻璃、砾石、毛石等等；二是形状，因为在名称中一般均有体现，如角铁、混凝土角砖、沥青等等，所以也无需详细介绍，本节仅列出钢材形状的一览表，供参考；三是材料的规格型号、性能指标，也包括材料的成分。材料的成分不同，其规格型号性能指标当然也不同。在金属材料中，成分是通过牌号来反映的。但同一种材料在各国都有自己相关的《标准》，如热轧钢板，美国的产品标准代号是ASTM

A569，英国的是 BS1449，中国的是 GB709，德国的是 DIN 1016，日本的是 JIS G3131，俄罗斯的是 Gost 1050，而法国的是 NF EN10048。《标准》版本不同，对同一种材料规定的牌号也会不同，所以各国的材料牌号也不一样。但既然是同一种产品，牌号之间肯定可以转换。

在工程项目中，使用的材料繁多，而且各种材料的性能指标参数虽然有自己的一套体系，但翻译处理方法都大同小异，所以这里没必要全部陈述。下面仅以钢材做为范例，介绍钢材的形状、牌号的转换、主要指标和翻译处理。

### 5.6.1　材料的常见形状（以钢材为例）

| | | | |
|---|---|---|---|
| 工字钢 | la poutrelle | 盘　圆 | le fil machine en bobine |
| 钢　轨 | le rail | 圆　管 | le tuyau rond |
| 钢板桩 | la palplanche | 方　管 | le tuyau carré |
| 型　钢 | le profilé en acier | 无缝钢管 | le tuyau sans soudure |
| 圆　钢 | le rond | 铸铁管 | le tuyau en fonte |
| 钢　板 | la tôle | 成　品 | le produit fini |
| 角　钢 | la cornière | 半成品 | le semi-produit |
| 线　材 | le fil en acier | 槽　钢 | l'acier en U |
| 马口铁 | le fer-blanc | 螺纹钢 | le rond à béton crénelé |
| 镀锌板 | la tôle galvanisée | 人字钢板 | la tôle striée |
| 钢丝网 | le filet en acier | 瓦楞铁皮 | la tôle ondulée |
| 不锈钢 | l'acier inoxydable | 卷　板 | la bobine de tôle |
| 合　金 | l'alliage | 薄　板 | la tôle mince |
| 钢　筋 | le rond à béton | 热轧板 | la tôles à chaud (2 à 10 mm) |
| 黑铁皮 | le fer-noir | 冷轧板 | la tôle laminée à froid (- de 3 mm) |

### 5.6.2　材料牌号的国别转换（以钢材为例）

相同的材料在各国均有自己的牌号。如弹簧钢：

| 国家<br>材料 | 中国 | 美国 | 英国 | 日本 | 法国 | 德国 |
|---|---|---|---|---|---|---|
| 弹簧钢 | 55Si2Mn | 9255 | 250A53 | SUP6 | 55S6 | 55Si7 |

各国牌号的转换可以通过国内外大型的正规网站进行查询、认证。在法语网站的查询方法是在输入关键词（第七章有专门的关键词输入技巧介绍）的位置，输入钢材的法语名称＋法国牌号或中国牌号，在弹出的条目中就有出现很多包含该种钢材的各国编牌号的比较表。之后找出中文和法文相对应牌号钢材的相关技术参数资料，并进行比较和确认。其实，这项工作无法由不懂法语的工程技术人员完成，它们很难在法语网站查询法语的钢材牌号，即使侥幸查出也无法读懂，所以本书将这项工作设计为由工法译员承担。在法译汉或汉译法时，工法译员在查出相关牌号并转换认证后，采取注释法的形式，标明牌号转换的出处和依据，供技术人员参考。例如：

**原文：**

*No AVIS D'EXPEDITION:123930　　QUANTITE:836K*

*No DE LOT: B*

*Coulée:88871　　nuance:16MnCr5G*

**译文：**

发货单号：123930　　数量：836K

批次： B

铸造：88871　　牌号：16MnCr5G（译注：相当于中国的16CrMn，根据：www.rolexmetals.com/sdp/191736/4/cp-4383676/0.html，供参考）

加上"译注"可以减轻目标读者的阅读难度，同时也提高了技术文件的翻译质量和档次。值得倡导，但不是强制与必须。

### 5.6.3　材料的主要指标参数（以钢材为例）

在翻译技术参数名称的时候要注意其单位，便于后续校验。汉法相同的指标，其单位应该是相同的，否则就是错误的。具体详见《校验》一章。

主要技术指标：（括号内为"单位"）

| Module d'élasticité E (Mpa) | 弹性模量 |
|---|---|
| 意义：抗弹性变形的一个量，材料刚度的一个指标 | |

| Coefficient de Poisson (sans Dim) | 锻压比 |
|---|---|
| 意义：指金属变形程度的大小 | |
| Masse volumique (Kg/m3) | 密度 |
| 意义：材料单位体积内的质量。 | |
| Résistance à la rupture à la traction Rr (Mpa) | 抗拉强度 |
| 意义：指材料发生断裂的应力。 | |
| Coefficient de Dilatation (1/°K) | 膨胀系数 |
| 意义：表征物体受热时其长度、面积、体积增大程度的物理量， | |
| Conductivité Thermique (W/m°K) | 导热性 |
| 意义：单位时间内通过导体横截面的热量。 | |
| Capacité Calorique volumique (J/m3°K) | 热容量 |
| 意义：令 1 千克的物质的温度上升（或下降）1 摄氏度所需的能量。 | |
| Limite élastique à la traction (Mpa) | 屈服点 |
| 意义：开始出现塑性变形的强度。 | |

## 5.6.4　技术参数翻译对照示例

**原文：**

| ANALYSE DE COULEE:(M %) | | | | | | | | | |
|---|---|---|---|---|---|---|---|---|---|
| ELEMENT | C | Mn | Si | Cr | Ni | Mg | Cu | Al | Ti | B |
| MINI | 0.120 | 1.000 | | 0.800 | | | | 0.020 | | |
| VALEUR | 0.155 | 1.126 | 0.079 | 1.022 | 0.091 | 0.051 | 0.170 | 0.027 | 0.002 | 0.0001 |
| MAXI | 0.170 | 1.300 | 0.150 | 1.100 | 0.100 | | 0.200 | 0.020 | 1.010 | 0.0005 |
| ELEMENT | M2 | P | S | | | | | | | |
| MINI | | | 0.010 | | | | | | | |
| VALEUR | 0.0060 | 0.009 | 0.017 | | | | | | | |
| MAXI | 0.0120 | 0.020 | 0.025 | | | | | | | |

**译文：**

| 铸钢件化验：（质量 %) | | | | | | | | | |
|---|---|---|---|---|---|---|---|---|---|
| 成分 | C | Mn | Si | Cr | Ni | Mg | Cu | Al | Ti | B |
| 最小 | 0.120 | 1.000 | | 0.800 | | | | 0.020 | | |
| 测定值 | 0.155 | 1.126 | 0.079 | 1.022 | 0.091 | 0.051 | 0.170 | 0.027 | 0.002 | 0.0001 |
| 最大 | 0.170 | 1.300 | 0.150 | 1.100 | 0.100 | | 0.200 | 0.020 | 1.010 | 0.0005 |
| 成分 | M2 | P | S | | | | | | | |

| 最小 | | | 0.010 | | | | | | |
|------|------|------|-------|---|---|---|---|---|---|
| 测定值 | 0.0060 | 0.009 | 0.017 | | | | | | |
| 最大 | 0.0120 | 0.020 | 0.025 | | | | | | |

## 原文：

| JOMINY MESURE COULEE:(mm/HRC) | | | | | | | | | | | | |
|----------|-----|-----|-----|-----|-----|------|------|------|------|------|------|------|------|
| DISTANCE | 1.5 | 3.0 | 5.0 | 7.0 | 9.0 | 11.0 | 13.0 | 15.0 | 20.0 | 25.0 | 30.0 | 40.0 | 50.0 |
| MINI | 35.5 | 33.0 | 30.5 | 28.0 | 26.0 | 23.5 | 22.0 | 20.2 | | | | | |
| VALEUR | 42.2 | 40.9 | 34.0 | 29.0 | 26.3 | 24.2 | 22.6 | 21.5 | 18.6 | 16.1 | 14.2 | 11.6 | 9.7 |
| MAX | 44.5 | 43.0 | 41.0 | 38.0 | 34.5 | 32.0 | 30.0 | 28.0 | 25.0 | | | | |

## 译文：

| 铸件乔米尼测定：(mm/HRC) | | | | | | | | | | | | |
|----------|-----|-----|-----|-----|-----|------|------|------|------|------|------|------|------|
| 距离 | 1.5 | 3.0 | 5.0 | 7.0 | 9.0 | 11.0 | 13.0 | 15.0 | 20.0 | 25.0 | 30.0 | 40.0 | 50.0 |
| 最小 | 35.5 | 33.0 | 30.5 | 28.0 | 26.0 | 23.5 | 22.0 | 20.2 | | | | | |
| 测定值 | 42.2 | 40.9 | 34.0 | 29.0 | 26.3 | 24.2 | 22.6 | 21.5 | 18.6 | 16.1 | 14.2 | 11.6 | 9.7 |
| 最大 | 44.5 | 43.0 | 41.0 | 38.0 | 34.5 | 32.0 | 30.0 | 28.0 | 25.0 | | | | |

## 原文：

| CARACTERISTIQUES MECANIQUES DE COULEE | | |
|------|------|------|
| TRAITEMENT: | | |
| TREMPE:HUILE | TEMPERATURE:875°C | REVENU |
| TRACTION | DIAMETRE: 13.8 | |
| | Rn N/mm$^2$ | Rp N/mm$^2$ |
| MAXI | 1070 | 800 | 7.0 |
| VALEUR | 1081 | 872 | 8.0 |
| MINI | 1330 | | |

## 译文：

| 铸件的机械特征 | | |
|------|------|------|
| 处理： | | |
| 淬火：油 | 温度：875° C | 回火： |
| 张力 | 直径：13.8 | |
| | Rn N/mm$^2$ | Rp N/mm$^2$ |

| 最大 | 1070 | 800 | 7.0 |
|------|------|-----|-----|
| 测定值 | 1081 | 872 | 8.0 |
| 最小 | 1330 | | |

**原文：**

| RESILIENCE: | | | LONG | | | | TRAVERS | | |
|------|------|------|--------|-------|------|------|------|---------|-------|
| TYPE | TEMP | MINI | VALEUR | UNITE | TYPE | TEMP | MINI | VALEUR | UNITE |
| MES | | 65 | 65 | J/cm$^2$ | MES | | 30 | 37 | J/cm$^2$ |

**译文：**

| 抗冲击强度： | | | 竖 | | | | 横 | | |
|------|------|------|--------|-------|------|------|------|---------|-------|
| 类型 | 温度 | 最小 | 测定值 | 单位 | 类型 | 温度 | 最小 | 测定值 | 单位 |
| MES | | 65 | 65 | J/cm$^2$ | MES | | 30 | 37 | J/cm$^2$ |

## 5.7 表格的翻译

法语表格由于空间的限制，其语言有两个特点：冠词省略和大量缩写。对于表格的翻译，在汉译法时，要注意取消冠词；在法译汉时，要注意缩写的准确译法。其实这也是工法翻译中的两个重要问题。因为工法会涉及很多表格：材料表、零件表、装箱单、检验单、收发货单、进度表等等。

在翻译中缩写是一个难点，具体查询的方法可以参照本书《工法翻译辅助工具》一章。以下的粗体字都为缩写：

**原文：（这是一个表格的抬头）**

*Réf. livraison/date :*

*220169466 000020 / 11.01.2007*

*Notre Réf./date :*

*210121006 000020 / 24.01.2007*

*Numéro de client :*

*205688*

*Votre Réf./date :*

*501543*

*Organisation commerciale : 201*

*Notre référence article / votre référence article*

*200508-255 Ardrox 9 D 1 AEROSOL /*

*Numéro de Lot 0900026215 /Date péremption 03.2010 / **Qté** 1020 PC*

*Air Liquide Welding France **SA***

*PLATE -FORME **LOG***

*CHEMIN DE L'OISELAT-BP 40001*

*F-51555 EUROPORT VATRY **CEDEX***

## 译文：

送检编号 / 日期：

220169466 000020 /2007 年 1 月 11 日

检验局编号 / 日期：

210121006 000020 / 2007 年 1 月 24 日

客户编号：

205688

送检单位的编号：

501543

商业组织代码： 201

检验局产品编号 / 送检单位产品编号：

200508–255 Ardrox 9 D 1 液化气 /

批号 0900026215 / 失效期 2010 年 3 月 / **数量** 1020 件

法国焊接液化气体**有限公司**

**物流**平台

CHEMIN DE L'OISELAT–BP 40001

F–51555 EUROPORT VATRY **CEDEX**

以下表格中的名词均没冠词：

**原文：**

| Teneur en solides<br>Méthode 2300 677 / 1<br>100 g / 95°C / 1 H  ISO 3452-2 | % | 15,8 | 19,3 | 17,8 |
|---|---|---|---|---|
| Corrosion sur Al 7075T6<br>Méthode 2300 676 / 1<br>Immersion partielle, 24H,T.amb.<br> ISO 3452 | | | | Ni corrosion,<br>ni attaque, ni<br>ternissement |
| Densité du fluide porteur<br>Méthode 2300 5 / 1<br>Densimètre à 20°C | | 0,746 | 0,825 | 0,790 |
| Ré-dispersabilité<br>Méthode 2300 678 / 1<br>ISO 3452-2 / Agiter 30s | | | | conforme |
| Teneur en Chlore<br>Méthode 2300 680 / 1<br>ASTM E 165 (annexe 4) | ppm | 0 | 200 < 20 | |
| Teneur en Fluor<br>Méthode 2300 680 / 1<br>ASTM E 165 (annexe 4) | ppm | 0 | 200 < 20 | |

**译文：**

| 固体物含量<br>方式 2300 677 / 1<br>100 g / 95° C / 1 H  ISO 3452-2 | % | 15.8 | 19.3 | 17.8 |
|---|---|---|---|---|
| 对 7075T6 铝的腐蚀<br>方式 2300 676 / 1<br>部分浸泡 , 24H, 常温 . ISO 3452 | | | | 无腐蚀，无<br>化学反应，<br>无褪色 |
| 液态载体浓度<br>方式 2300 5 / 1<br>密度计 在 20° C | | 0.746 | 0.825 | 0.790 |
| 可再分散性<br>方式 2300 678 / 1<br>ISO 3452-2 / 搅拌 30s | | | | 合格 |

| | | | | |
|---|---|---|---|---|
| 氯的含量<br>方式 2300 680 / 1ASTM E 165 ( 附件 4 ) | ppm | 0 | 200 < 20 | |
| 氟的含量<br>方式 2300 680 / 1<br>ASTM E 165 ( 附件 4 ) | ppm | 0 | 200 < 20 | |

## 5.8 机械文件的翻译

机械文件的翻译应该是工程技术法语中数量最大的部分，它不仅在产品描述、使用说明书中出现，还会在招投标、工艺技术、产品设计等大量技术、经济、规范等文件中出现。可以这样说：能做好机械文件的翻译，就能做好工程技术法语翻译的一大半。

### 5.8.1 对背景知识的倚重

对背景知识掌握的程度可以决定对机械文章翻译的水平。有时译者在面对有关机械文件时，会有这样一个现象：文件中没有一个生词，也没有不懂的语法现象，但就是看不懂。其实造成这种情况的根本原因不是别的，正是对背景知识的欠缺。如下面这段文字：interrupteur de position à galet pour les fins de course haut et bas。没有相关背景知识的人，很难明白它描述的是一个什么开关。

其实这是一个对升降装置进行最高位置和最低位置进行限制的开关，所以称为 interrupteur de position（位置开关），course 在这儿说的是升降机构的行程，pour les fins de course haut et bas 是指行程的上下终点，

术语称为"止点"。也就是升降机构碰到上下止点的位置开关触发器，就会停止运动，这就是升降机构行程的止点。而位于位置开关上的触发装置，就是一个带弹簧的滚轮（à galet），而不是"按钮（à poussoir）"等其它形式的构件。所以该零件应翻译为：带滚轮的上下止点位置开关。见下图：

从上例可以看出，如果对位置开关、行程、升降机构、

上下止点等背景知识不熟悉，就很难理解并作出正确的翻译。由此可见，进行工程技术法语翻译前，一定要有专业背景知识的储备，或者在翻译时遇有背景知识不了解的文本，一定要及时查询，以避免翻译的错误。

有了上述的背景知识，我们再来看以下文字：interrupteur de position à poussoir "Présence cuve"，理解起来就容易多了。它描述的是桶到达相应位置（Présence cuve），触动位置开关的按钮，从而触发指示灯的开关。所以其译文是："桶就位"的按钮位置开关。如下图：

又例：Dispositifs de mise à l'air de la canalisation pour démarrage à vide。这句指的是空气压缩机在停机的时候，应该将连接压缩机与储气罐之间的管道中气体排空，以利再启动时没有负荷，才能顺利启动。所以应该翻译为：真空启动用管道排气装置。如下图：

## 5.8.2 对图片的倚重

通过上一节，我们也可以看出图片对机械设备翻译的帮助作用。如果没有图片，只看文字，难以形成形象思维，因而理解是非常困难的。现在网络发达，中文法文的网站都可以搜到需要的图片。图片还可以让译者联想起该机械设备的目的语名称。

我们来看这两个法语的零件名称：Bouton coup de poing 和 Bouton poussoir。都是按钮，但应该怎么翻译呢？首先应该搞清楚两者的区别。作为非机械专业的译者最好的方式就是上法语的搜索引擎，找出这两个零件的图片。下面是通过雅虎法语（yahoo.fr）网站找到的图片：

左是 Bouton coup de poing，右是 Bouton poussoir。从图片可以看出，前者可以用手掌或拳头按下，而后者只能用指头才能按下。有这样的界定之后，通过中文网站的按钮分类介绍，就知道其译法了：敲击按钮和普通按钮。

下面是一张气缸工作的示意图：

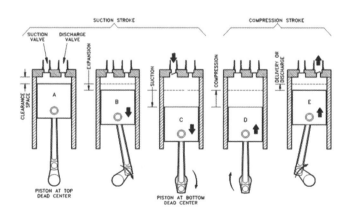

对照这张图片，我们来看下面的文字估计会容易许多：

*Lorsque le vilebrequin est entraîné en rotation par le moteur, la bielle transmet au piston un mouvement de translation rectiligne alterné; ainsi la descente du piston a pour effet "d'aspirer" l'air extérieur à la pression atmosphérique qui, pour entrer dans le cylindre, soulève le clapet d'admission. Lorsque le piston arrive à son point mort bas (PMB) l'air n'est plus aspiré et le clapet qui était ouvert se referme. Le piston remonte, comprimant l'air qui a été aspiré; lorsque la pression intérieure du cylindre est égale à la pression de la cuve (réservoir), le second clapet se soulève et laisse passer l'air du cylindre vers la cuve.*

有了图片的帮助，翻译时就能更轻松，更准确。以下是上文的译文：

当曲轴被电机带动时，连杆带动活塞进行交替（往复）的直线运动；于是，活塞下降可以吸入正常大气压下的外部空气，空气要进入缸内，须将进气阀顶开。当活塞达到下止点，停止吸入空气，先前打开的进气阀再次关上。活塞再次上升，压缩之前吸入的空气；当气缸内部压力等于储气罐压力时，第二个阀门升起，并让气缸内的空气流到储气罐中。

如果没有上面那幅示意图，很难把握各个零件的作用和逻辑关系，会直接影响对词句的理解，难以达到翻译的准确性。

### 5.8.3　产品型号的借鉴作用

机械设备包括其零部件基本都有型号。因为规格型号都是与某个特定的设备或零件相对应的，所以通过设备和零部件的型号，可以促成翻译的准确。

这里试举一例：Vis CHC, M6-12-4.8。通过相关背景知识我们知道 M6 是螺杆直径，12 是指 Dk 螺杆帽（头）的直径，4.8 是指 K 螺杆帽（头）的厚度或高度。

现在关键是要翻译出 CHC。借助其规格，通过网络我们可很快查出，CHC 指的是内六角螺栓。所以应该翻译为：内六角圆柱螺栓，M6-12-4.8，如图所示：

以此类推，很快就能翻译出：Vis FHC, M4-12-10.9、Vis H, M6-20-4.6，分别是：沉头内六角螺栓 M4-12-10.9 和外六角螺栓 M6-20-4.6，如图所示：

规格型号还能帮助解决零件的差异问题，通过规格型号的转换，还可以找到中国的代号，这都能提高翻译文本的质量和实用性。如果将型号规格原文照搬到译文中，由于型号的国别差异，译文实际上只是一个半成品，还需要进一步查询，才能使用。如法国的 Vis CHC, M6-12-4.8，翻译成"内六角螺栓，M6-12-4.8"，马上就能在中国标准中查到其在中国的型号或者类似功能的螺钉。如果 CHC 不做任何处理，通过译文，根本无法知道是那种螺钉。

### 5.8.4　背景知识对机械文件翻译的作用

通过上面的论述和实例，我们可以看出这里所说的背景知识是指与所翻译的内容有关的用母语描述的原理和基础常识。是"知其然，不知其所以然"的知识，这些知识有助于翻译，但并不能帮助设计和制造产品。背景知识比专业知识要简单许多，因而所需要花的时间和精力是有限的，但却是翻译时所必需的，所以机械文件翻译乃至工法翻译全都离不开背景知识。

工程技术法语背景知识可以提高对原文的理解程度和正确性，可以提高对译稿逻辑性的判断能力，可以提高翻译的速度，当然也就提高了译稿的质量和价值。有人说翻译工作者是一个杂家，其实就是指他除了掌握专业外语知识外，必须具备宽广的背景知识。所以，作为工法译员，当然不需要积累全部的背景知识，但至少应该掌握通用的专业词汇和通用的工程技术知识，才能满足基本的工法翻译的需求。[1]

## 5.9 工艺流程的翻译

任何建造项目或产品生产都有一个技术路径的问题。所以工艺流程也是工法翻译必须涉及和注意的问题。

### 5.9.1 工艺与技术的差别

翻译中，首先应搞清楚工艺与技术的差别。工艺流程（processus technologiques) 是指生产产品或建造的技术路径，是对生产或建造链中所采用工艺的选择及前后顺序。它不同于技术 (techniques)，技术是指某个生产环节（工艺）中的具体操作方法。

如甜菜生产白糖的工艺流程：

甜菜到厂 (arrivée des betteraves)——过称 (pesée)——切丝 (coupe-racine)——热水 (eau chaude)——浸提汁 (jus de diffusion) 和甜菜渣（pulpe）——二氧化碳中和 / 碳化处理 (chaulage/carbonatation)——回收蒸汽 (vapeur récupérée)——液压或"干式"送料 (alimentation hydraulique ou "à sec")——过滤 (filtration)——蒸发 (évaporation)——一效糖 (sucre de 1er jet)——干燥 (séchage)——储存 (stockage)——结晶白糖的包装和发货 (conditionnement et expédition du sucre cristallisé)。

---

1　关于通用的专业词汇和通用的工程技术知识，请参阅本书第二章。

如其中"切丝",就是一种工艺,没有采用"切片"等其它工艺。但怎样把甜菜切成丝,采用什么方法切成丝,怎样切出符合要求的"丝",这就是技术问题。

## 5.9.2 注意前后顺序的流畅性

工艺流程实际描述了生产和建造过程的先后步骤,法语描述时一般是按时间先后出现相关的法语工艺术语,故翻译时也应该保持这种风格,译文也同样应该按工艺流程的先后出现相关的工艺术语。如:

*Cet ensemble jus chaulé est ensuite carbonaté (ajout de gaz carbonique) avant d'être filtré.*

**正确译文:**之后将全部中和汁进行碳化处理(加入二氧化碳),**然后**过滤。

**错误译文:**之后**在**过滤**前**,将全部中和汁进行碳化处理(加入二氧化碳)。

中和(*chaulé*)、碳酸化(*carbonaté*)、过滤(*être filtré*)是源文本的先后顺序,第一种译文顺序完全符合真实的生产流程。故翻译时汉语也应该按这样顺序安排出现,可以让人一目了然,清晰易读。

这是一个简单的例子,如果工艺步骤更多,按第二种译文方式翻译,会让人眼花缭乱,分不清先后,达不到畅快沟通的目的。

## 5.9.3 不同工艺流程的术语:词同意不同

法语同一个词会由于其内涵与外延以及习语、典故等原因,在汉语中有各种不同的翻译和表达,反之也然。在工法翻译中,这个现象尤其明显:虽然同一个法语词可用在不同的领域,但翻译成汉语时应该用不同的词汇来表达。这在工艺流程描述性文字中尤其多见。如下列制糖领域的相关术语,在别的领域意思差异就大了。在翻译工艺流程时要倍加注意。

| Mot en français | Sens ordinaire en chinois | Sens spécialisé en chinois |
|---|---|---|
| Chaulage | 石灰水处理；石灰水喷射 | 中和 |
| Diffusion | 扩散；漫射 | 浸提 |
| Pulpe | 骨肉；髓；浆料 | 甜菜渣 |
| Malaxage | 搅拌；拌合 | 助晶 |
| Mélasse | 糖浆 | 废糖蜜 |
| Rendement | 产量；生产率；功率；效果；收益 | 总回收率 |
| Coupe-racines | 块根切碎机 | 切丝机 |
| Séparateur magnétique | 磁性分离器；电磁分离机 | 除铁器 |
| Défibreur | 磨木工人；磨木机 | 撕裂机 |
| Broyage | 捣碎；磨碎；研碎 | 压榨 |
| Tapis | 地毯 | 传送带 |
| Tapis balistique | 弹道地毯 | 倾斜输送带 |
| Diffuseur | 传播者；发行者；扩散器；分散器 | 浸提器 |
| Ebullition | 沸腾 | 蒸煮 |
| Masse cuite | 煮熟的团状物 | 糖蜜 |
| Egout | 污水管；下水道 | 清汁 |
| Rectification | 使成直线；改正，校正 | 精馏 |

### 5.9.4 工艺流程翻译示例

**原文：**

**Circuit secondaire : pour produire la vapeur**

*L'eau du circuit primaire transmet sa chaleur à l'eau circulant dans un autre circuit fermé : le circuit secondaire. Cet échange de chaleur s'effectue par l'intermédiaire d'un générateur de vapeur. Au contact des tubes parcourus par l'eau du circuit primaire, l'eau du circuit secondaire s'échauffe à son tour et se transforme en vapeur. Cette vapeur fait tourner la turbine entraînant l'alternateur qui produit l'électricité. Après son passage dans la turbine, la vapeur est refroidie, retransformée en eau et renvoyée vers le générateur de vapeur pour un nouveau cycle.*

**译文：**

二回路：产生蒸汽

一回路的水将热量传输给另一封闭循环管路中的循环水，该管路为"二回路"。热量的交换以蒸汽发生器作为媒介。二回路的水在接触到一回路的水流经的管路时，水被加热，变成蒸汽。蒸汽带动汽轮机，从而带动发电机发电。在经过水轮机的时候，蒸汽被冷却，变成水，被重新送回蒸汽发生器进行下一次循环。

## 5.10 定单和概算书的翻译

### 5.10.1 契约文件 (acte d'engagement)

对于一个项目或一个企业来说，离不开契约文件来约束与外部企业的关系，尤其是涉及到供应和销售。为了完成供销，主要有三种契约形式：定单、合同和概算书：

**定单**（bon de commande）：先由买方发出，卖方签字确认后，即视为正式合同。

**合同**（contrat）：双方共同签字，确认合同标的、义务和权利等的契约文件。

**概算书**（devis）：先由卖方发出，买方签字确认后，即视为合同文件。

## 5.10.2 翻译注意事项

### 5.10.2.1 常见术语

| 定　金 | l'acompte |
|---|---|
| 支　票 | le chèque |
| 付款条件 | les conditions de paiement |
| 交货日期 | la date de livraison |
| 概算书 | le devis |
| 权　利 | le droit |
| 现　金 | les espèces |
| 税　前 | (HT) hors taxe |
| 商　品 | la marchandise |
| 品　牌 | la marque |
| 付款方式 | la modalité de paiement（le mode de paiement） |
| 包装方式 | le mode d'emballage |
| 总价（金额） | le montant |
| 总金额 | le montant total |
| 品　名 | la nomination |
| 义　务 | l'obligation |
| 付　款 | le paiement |
| 提供服务 | la prestation des services |
| 单　价 | le prix unitaire |
| 产　品 | le produit |
| 售后服务 | les services après vente |
| 价格表 | le tarif |
| 增值税 | la taxe à la valeur ajoutée |
| 先　付 | le terme à échoir（à terme à échoir） |

| 后　付 | le terme échu（à terme échu） |
|---|---|
| 税　后 | (TTC)toutes taxes comprises |
| 汇　票 | la traite |
| 转　账 | le virement |

### 5.10.2.2 定单常见套语

" bon pour accord pour le montant et les prestations ci-dessus "

"同意上述金额和服务"

Envoyez ce formulaire de commande complété, accompagné d'un chèque total (à l'ordre de La société XX) à l'adresse :

寄回填好的定单，并附上全款支票（收款单位：XX 公司），寄回地址：

### 5.10.2.3 定单中疑难术语的分辨

**le montant / le montant total**

总价（金额）( le montant )：是指单价 x 数量的积。有的称之为"总价"，有的称之为"金额"。

总金额 (le montant total) ：是指全部总价的和。

**l'escompte / l'acompte**

定金（l'acompte）：指提前支付给对方作为担保的金额。与 l'escompte（贴现 ）容易混淆。

贴现 （l'escompte）：是指将远期汇票提前变现，相当于向银行贷款。

**le droit / le pouvoir**

权利（le droit）与权力（le pouvoir），虽然汉语一字之差，但意思完全不同。所以法语的表达也完全不同。

**le tarif / le prix**

价目表（le tarif）：指有多种商品价格的单子。

价格（le prix）：某个商品的标价。

**à terme à échoir / à terme échu**

先付 (le terme à échoir<à terme à échoir>)：在享受服务之前支付的方式，如先付三个月房租。

后付（le terme échu<à terme échu>)：在享受服务之后支付的方式，如月底结算水电费。

### 5.10.2.4 付款方式（la modalité de paiement）

#### A、付款的时间：

| le règlement | 结算 |
| à la livraison | 交货时付清 |
| à XX jours nets | XX 天内付清 |
| dans X mois | X 月内付清 |

#### B、付款的形式

主要有：支票（le chèque）、转账（le virement）、现金（les espèces）和汇票（la traite）。其中"汇票"是国外企业比较常用的。汇票付款的具体流程是：

付款人找银行开立汇票（收款人，付款时间、金额）→交给收款人→收款人找银行按汇票的约定付款）→付款人向银行还款。

汇票具有以下几个特点：

a) 时间：延后。如果现付，就是"转账"，不用汇票。

b) 承兑：银行按票面支付给收款人。

c) 结算：A. 如果付款人账上有钱，从账上扣款。

B. 如果没有，就视为贷款，须支付银行利息。

d) 信用：银行不会随便承诺兑现

e) traite avalisée 是承兑汇票，是银行保证要支付的汇票。

## 5.10.2.5 定单翻译示例

**原文：**

# BON DE COMMANDE

RÉFÉRENCES CLIENT                    Date : / /20..

NOM : _____

ADRESSE : _____

TELEPHONE _____ EMAIL : _____

FAX : _____

En euro

| Nomination | prix unitaire HT | montant HT | observations |
|---|---|---|---|
|  |  |  |  |
|  |  |  |  |
|  |  |  |  |
|  |  |  |  |
| Montant total des prestations : | _____€ HT (soit _____€ TTC) | | |
| Acompte : | _____€ HT (soit _____€ TTC) | | |
| Règlement : à la livraison / à 30 jours nets Espèces Virement CB          Chèque Traite " bon pour accord pour le montant et les prestations ci-dessus " :<br><br>Signature du client : | Confirmation de XX:<br><br>Date prévue de mise à disposition de XX par le client : /   /200..<br><br>Date de pose prévue par XX:    /   /200.<br><br>Signature de XX: |

125

**译文：**

## 定单

顾客编号：　　　　　　　　　　　　日期：20　年　月　日

姓名：

地址：

电话：　　　　　　　　　电邮：

传真：

（欧元）

| 品　　名 | 税前单价 | 税前金额 | 备注 |
|---|---|---|---|
|  |  |  |  |
|  |  |  |  |
|  |  |  |  |
|  |  |  |  |
| 提供服务的总金额： | _____欧元(税前)即_____欧元(税后) | | |
| 定金： | _____欧元(税前)即_____欧元(税后) | | |
| 支付：交货时／30天之内<br>现金　　转账<br>银行卡　　支票<br>汇票 | XX公司确认：<br><br>顾客送XX时间：　　200年　月　日<br><br>XX公司的预计交还XX时间：200年　月　日 | | |
| "同意上述金额和服务"： | | | |
| 顾客签字： | XX公司签字： | | |

### 5.10.3　合同翻译注意事项（详见 5.13 章节）

### 5.10.4　概算书翻译示例
**概算书模版原文：**

**Devis**

*Nom commercial de l'ES*

*Adresse, téléphone,...*

*NOM DU CLIENT*

*Adresse du client*

DEVIS No *XXX*

Date

Devis gratuit (ou payant) reçu avant l'exécution des travaux.

| Désignation | Quantité | Prix unitaire HT | Montant HT |
|---|---|---|---|
|  |  |  |  |
|  |  |  |  |
| *Dont frais accessoires (transport,...)* |  |  |  |
| *Dont réduction diverses* |  |  |  |

Toute demande supplémentaire sera facturée en sus.

| TVA | Récapitulatif | |
|---|---|---|
|  | TOTAL H.T. |  |
| *Taux (%)* | T.V.A. |  |
|  | TOTAL T.T.C |  |

Conditions de vente :

⊙ Ce devis est valable *X* mois à partir de sa date d'émission.

⊙ Date échéance *(ou date de livraison) :*

⊙ *Conditions et mode de règlement.*

⊙ Tout retard de paiement expose à une pénalité de retard égale à *X* fois le taux d'intérêt légal.

⊙ *Conditions d'escompte ou « Aucun escompte ne sera appliqué en cas de paiement anticipé ».*

⊙ *Les conditions éventuelles de révision du prix.*

⊙ *Clause de réserve de propriété pour les ventes de produits ou de marchandises.*

Date et signature du client

(Précédé de la mention « Bon pour accord »)

Après la signature, ce devis sera traité comme un bon de commande

Adresse de facturation :

| **CREA-LEAD** – Centre de traitement et de facturation |
| SCOP à capital variable. |
| 26, rue Enclos Fermaud – 34000 Montpellier |
| No Siret : 438 076 200 00015 – No T.V.A. intracommunautaire : FR56438076200 |

Titulaire d'un CAPE

**概算书模版译文：**

# 概算书

公司名称

地址、电话……

顾客名称：

顾客地址：

第　号概算书

日期

在工程施工前收到的免费（或非免费）概算书

| 名称 | 数量 | 税前单价 | 税前金额 |
|---|---|---|---|
|  |  |  |  |
|  |  |  |  |
| 其中配件费用（运输） |  |  |  |
| 其中各种折扣 |  |  |  |

任何补充要求将另外收费

| 增值税 | 汇总表 | |
|---|---|---|
| 税率（%） | 税前总价 |  |
|  | 增值税 |  |
|  | 全税金额 |  |

销售条件：

● 本概算书从发布日起 X 月有效。

● 到期日（或交货日期）

● 支付条件和方式

● 任何付款延迟将承受相当于法定利息 X 倍的罚款。

- 折扣条件或"提前支付不享受任何折扣。"
- 价格修改的必备条件
- 产品或商品销售的所有权保留条款

日期和顾客签字

（须注明"同意"）

签字之后，本概算书将被视为一份定单。

收款地址：

CREA-LEAD 票据处理中心

可变资本的劳动合作公司

26，rue Enclos Fermaud

34000 蒙彼利埃

法人代码：438 076 200 00015

欧盟增值税号：FR56438076200

支持创业合同拥有者

## 5.11  建筑文件翻译

建筑工程是我国外经工作最大的部分，尤其是在法语国家。建筑文件的翻译涉及建筑工程的三个方面：建筑设计(conception d'architecture)、建筑材料和建筑施工；建筑施工还涉及相关机械设备，所以本书将建筑文件翻译划分为四个部分：建筑设计、建筑材料、建筑施工和施工机械。

### 5.11.1  建筑设计文件翻译

#### 5.11.1.1 什么是 la notice descriptive de travaux ？

要进行建筑设计文件翻译，首先得了解什么是工程设计说明书。

工程设计说明书是一种技术文件，其确定了要施工的工程内容、所使用的材料和安装的设备。它须符合法国 1991 年 11 月 27 日部颁令所规定的格式。如不符合要求，相关合同视为无效。其应附在合同后，在法律上作为合同不可分割的部分，而且应由建设方和施工方签字。法国建筑词典是这样定义的：La notice descriptive est le document technique indiquant les travaux qui seront effectués, les matériaux qui seront utilisés, et les équipements qui seront installés. Elle doit être, conforme au modèle type agréé par l'arrêté ministériel du 27 novembre 1991. Si ce n'est pas le cas, le contrat peut être frappé de nullité. Jointe au contrat, dont juridiquement elle constitue une partie intégrante, elle est signée par le maître d'ouvrage et par le constructeur.

### 5.11.1.2 设计的主要内容

建筑设计说明书实际上是对建筑设计图的文字说明，凡在图纸上无法展示的内容，均应反映在说明书中。而且说明书要根据建筑的内容，分为若干个部分。在每个部分的标题下，会列出施工内容，所选择的材料或需要安装的设备。如：

**原文：**

Sols et plinthes des cuisines

Carrelage en grès émaillé format 30x30 cm, classement U2SP3, pose droite avec plinthes carrelées assorties des Etablissements MARAZZI référence Enduro Mat.

**译文：**

厨房的地面和踢脚线

贴规格为 30cmx30cm U2SP3 级釉面陶瓷砖，搭配马拉奇公司生产的 Enduro Mat 瓷砖踢脚线（直线铺设）。

为了对建筑设计说明书做一个整体了解，下面列出了某个工程设计说明书的分项标题：

A. GENERALITES 概况

B. CARACTERISTIQUES TECHNIQUES GENERALES 总体技术要求

B. 1 – GROS OEUVRE 主体工程

B.1.1. – INFRASTRUCTURE 基础设施

FOUILLES 挖方

FONDATIONS 基础

PLANCHER 地板

B.1.2. – MURS ET OSSATURES 墙体和框架

MURS DE FACADES ET PIGNONS EXTERIEURS 外部面墙和山墙

REVETEMENTS DE FACADES 面墙罩面

B. 2 – DOUBLAGE THERMIQUE 保温层

B. 3 – MURS PORTEURS A L'INTERIEUR DE L'IMMEUBLE 建筑内部承重墙

B.4 – CLOISONS DE DISTRIBUTION 隔墙

B. 5 – PLANCHERS ET FAUX-PLAFONDS 楼板和吊顶

B.6 – TOITURE 屋顶

CHARPENTE-COUVERTURE 屋架—屋面

C.- EQUIPEMENT DES LOCAUX PRIVATIFS 内部设施

C.1 – SOL ET PLINTHES 地面和踢脚线

Pièces sèches 无水房间

Pièces humides 有水房间

Salle de séjour, entrée 起居室和门厅

Cuisine, WC, du rez-de-chaussée 一楼的厨房、卫生间

Salle d'eau de l'étage 楼上的卫生间

C.2 – REVETEMENTS MURAUX 墙面装饰

PEINTURE ou PAPIER PEINT 涂料或墙纸

FAÏENCES 彩釉砖

C.3 – REVETEMENTS DE PLAFONDS 天花板装饰

C.4 – MENUISERIES EXTERIEURES 外部门窗

Les menuiseries extérieures des façades 面墙的外门窗

Les garde-corps 栏杆

Porte de garage basculante 车库翻开门

C.5 – OCCULTATIONS 遮阳

Fenêtres et Portes-fenêtres 窗和落地门

Baies vitrées 观景窗

lucarnes, gerbières, châssis (WC, SDB, etc.) et châssis de toit 阁楼窗、带落地门的阁楼窗、（卫生间、浴室等的）固定窗和屋顶平窗

C.6 – MENUISERIES INTERIEURES 室内门窗

PORTES D'ENTREE 入户门

HUISSERIES INTERIEURES 室内门窗框

PORTES PLANES POSTFORMEES 后期制作的平板门

PORTES D'ACCES 通道门

ESCALIER 楼梯

PLACARDS 储藏间

MEUBLES DE CUISINE AMENAGES 厨房家具配置

C.7 – EQUIPEMENTS 设备

ELECTRICITE 电

TELEPHONE TELEVISION 电话、电视

CHAUFFAGE 取暖

PLOMBERIE 管道

Réseau 管路

Equipement des cuisines 厨房设备

Robinetterie mitigeur 冷热水龙头

Equipement des salles de bains 浴室设备

Lavabo blanc, posée sur une colonne 白色面盆，安装在立柱上

Douchette avec flexible chromé et support téléphonique 花洒，带镀铬的软管和浴缸水龙头支架。

WC en grès blanc 马桶，白色陶瓷

Production d'eau chaude 热水

Robinet lave-linge 洗衣机水嘴

Robinet de puisage extérieur 室外水嘴

VENTILATION MECANIQUE  机械通风

C.8 – EQUIPEMENT EXTERIEUR  室外设备

ESPACES VERTS 绿地

CLOTURES 围墙

Façade sur rue 朝街墙面

Séparation des lots 分界墙

TERRASSES 露台

D. - PARTIES COMMUNES 公共区域

D.1 – VOIRIES 道路

D.2 – VEGETATIONS 植被

D.2 – LOCAL POUBELLES 垃圾桶摆放处

E. – AVERTISSEMENT 警示

E.1 – CONCERNANT LES EQUIPEMENTS 关于设备

E.2 – CONCERNANT L'ACCESSIBILITE DES PERSONNES HANDICAPEES 关于残疾人通道

### 5.11.1.3 常见建筑设计专业词汇

| l'abattant *m.* | 马桶盖 |
| l'abattant double en plastique | 双层塑料马桶盖 |
| l'aggloméré *m.* | 混凝土块（砖） |
| l'arêtes de toit | 屋脊 |
| la baie | 观景窗 |
| battant,e *a.* | 平推的 |

| le bâti | 框，架 |
|---|---|
| le béton armé | 钢筋混凝土 |
| la cloisons de distribution | 隔墙 |
| le câblage en attente | 预留线头 |
| le carrelage | 贴瓷砖 |
| le chaînage | 圈梁 |
| la charpente | 屋架 |
| le châssis | 固定窗 |
| la clôture | 围墙，栅栏 |
| le coffre des volets roulant | 卷帘门盒 |
| le comble | 屋顶架 |
| le connecteurs métallique | 金属联接器 |
| la contremarche | （楼梯的）梯步 |
| le convecteur | 换流器 [ 指加热室内空气的一种放热设备 ] |
| la couverture | 屋面 |
| la dalle en béton | 水泥板 |
| le dégagement | （房间之间的）过道 |
| le dévoiements de gaines et de réseaux | 铺设管线 |
| le doublage thermique | 保温层 |
| la douchette avec flexible chromé | 带镀铬软管的花洒 |
| émaillé, e | 上釉的 |
| l'enduit *m.* | 抹灰 |
| l'entrevous *m.* | 中空板 |
| l'évier *m.* | 洗碗槽 |
| la faïence | 彩陶 |
| le faux-plafond | 吊顶 |
| la fermette | 框架，构架 |
| la fondation filante | 条形基础 |
| la fondation isolée | 独立基础 |
| la fondation superficielle | 浅层地基 |
| les fouilles *f.pl.* | 挖方，挖土 |

| les fouilles en pleine masse | 全新挖方 |
|---|---|
| les garde-corps *m.pl.* | 栏杆 |
| la gerbière | 阁楼窗 |
| le grès | 陶瓷 |
| les gros œuvres | 主体工程 |
| les héberges | 比邻墙，共用墙 |
| hourder | 砌 |
| l'huisserie *n.f.* | 门框；窗框 |
| l'infrastructure *f.* | （建筑物）基础设施 |
| le lavabo blanc, posée sur une colonne | 带立柱洗脸盆 |
| le linteau | 过梁 |
| le listel | 腰线 |
| le lot | 地块 |
| le lotissement | 小地块 |
| la lucarne | 天窗 |
| la maison de plain-pied | 单层房屋 |
| le mécanisme de chasse actionné par poussoir | 带按钮的冲水装置 |
| la menuiserie | 门窗 |
| le meuble mélaminé | 覆盖有合成树脂的（也称"代木"）家具 |
| le mitigeur | 冷热水调温龙头 |
| la modénature | 线脚细部 |
| la moquette | 地毯 |
| le mortier | 砂浆 |
| le mur porteur | 承重墙 |
| le mur de contreventement | 剪力墙 |
| les murs de façades *m.pl.* | 面墙 |
| le mur de refends | 隔断墙 |
| le mur de soutènement | 挡土墙 |
| le muret | 矮墙 |
| l'occultation *f.* | 遮光 |

| l'ossature *n.f.* | 骨架 |
|---|---|
| le papier peint | 墙纸 |
| le parement | 装饰，盖面 |
| le parpaing | 水泥砖 |
| la peinture de finition | 面漆 |
| la peinture d'impression | 底漆 |
| le parpaing | 水泥砖 |
| le pieu, x | 基桩 |
| le pignon | 山墙 |
| le plancher isolant sur vide sanitaire | 中空防潮地板 |
| Les plans de permis de construire | 《建设许可证》的图纸 |
| la plaque de plâtre | 石膏板 |
| la plinthe | 踢脚线 |
| la porte isoplane | 双层门 |
| le portillon | 小门，侧门，边门 |
| le poteau | （构架中的）支柱 |
| la poutre | 桁梁 |
| la poutrelle | 工字小梁，工字钢 |
| précontraint, e *adj.* | 预应力的 |
| la quincaillerie | 五金件 |
| le revêtement | 饰面，罩面 |
| le soffite | （吊顶或墙面的）装饰板、扣板 |
| le solin | 泛水 |
| la toiture | 屋顶 |
| la tuile | 瓦 |
| le vantail, aux | （门、窗等的）扇 |
| le vide sanitaire | 架空 |
| les voiles séparatifs | 隔墙（板） |

## 5.11.1.4 几个常见建筑词语的差别

## A. immeuble / appartement / maison / villa

Immeuble：高楼房，内有很多 appartement 或 bureaux。

Appartement：公寓、套房。

Maison：单独成体系的房屋，一户人一幢的房子。

Villa：别墅，有豪华环境的 maison。

## B. soubassement / fondation

le soubassement 是墙或建筑物的底座，可以看得见的，一般叫"墙基"。

la fondation 是埋在地下那部分墙或建筑物的基础，用于支撑，一般叫"地基"。

## C. Fouilles en pleine masse / fouilles des tranchées

Fouilles en pleine masse 指的是全挖，可建地下室或酒窖。

fouilles des tranchées 指的是挖沟，可以埋条基或管线。

## D. emplacement / positionnement

l'emplacement *m.* 指的是一个具体的位置，如：洗衣机的位置，空调的位置。

le positionnement 确定位置，动名词。把什么东西放在某个位置。

## E. maître d'œuvre / maître d'ouvrage / propriétaire / promoteur copropriétaire / entrepreneur / constructeur / contrôleur / géotechniciens

maître d'œuvre（工程设计方）：在法国还要负责检查和监督施工是否符合设计的要求。

maître d'ouvrage（建设方）：出资建设的单位，也是已建成工程的业主。

propriétaire（业主）：完工工程的拥有者。

Promoteur（开发商）：出资建设、建好后用于出售的建设方。

copropriétaire（业主）：有多个业主的房产的主人之一。

entrepreneur（承包方）：接受定单、合同实施工程的单位。

constructeur（建筑方）：实施工程的单位，如是承包合同，也是承包单位。

contrôleur（监理单位）：由建设方聘请监督工程质量的单位。

géotechniciens（地勘单位）：负责工程设计前对地质情况进行勘探的单位。

**F. travaux / ouvrage**

travaux 工程：完工前的工程。

ouvrage 工程：建好的工程。

## 5.11.1.5 主要建筑设计图纸

plans d'étage 楼层平面图

plans de fondation 基础图

plans de charpente 地基的平面图

plans de toiture 屋架结构图

sections et détails 剖面图和细部图

élévation du bâtiment et fini extérieur 建筑物的立视图和外观效果图

plan d'exécution 施工图

plans de Permis de Construire 建筑许可证所附图纸

## 5.11.1.6 主要的网络《建筑专业词汇集》及网址

在翻译过程中，常常出现一些法语建筑词汇从法汉词典上查不到，还有一些词在法汉词典上词意模棱两可，这时最好上网找到官方或权威的在线建筑词典或专业词汇集，查询其法语解释和定义，方能准确翻译。以下是一些可以参考的网址：

http://www.normannia.fr/dictionnaire-architecture/ 建筑词典

https://fr.wikipedia.org/wiki/Glossaire_de_l%27architecture 维基百科的建筑专业词汇集

https://fr.wiktionary.org/wiki/Catégorie:Lexique_en_français_de_l'architecture 维基词典的建筑专业词汇集

http://fncaue.fr/?-Glossaire-illustre- 建筑、环境、城市和景观专业词汇集

http://architecture.relig.free.fr/glossaire.htm 西方宗教建筑专业词汇集

https://fr.wikipedia.org/wiki/Glossaire_de_l%27immobilier 维基百科不动产专业词汇集

http://agora.qc.ca/Documents/Architecture--Glossaire_de_termes_darchitecture_du_Moyen_Age_par_Encyclopedie_de_lAgora 中世纪建筑术语集

http://www.architecte-paca.com/lexique-glossaire-lettre-a.html 建筑词汇定义集

http://www.ats-group.net/glossaires/dictionnaire-architecture.html 建筑词典和词汇集的索引网页

## 5.11.2 建筑材料

### 5.11.2.1 主要建材

| l'ardoise | 板岩 |
|---|---|
| le béton | 混凝土 |
| le béton armé | 钢筋混凝土 |
| le béton cellulaire | 蜂窝混凝土 |
| le béton de chantier | 工地现场搅拌混凝土 |
| le béton désactivé | 豆石砂浆地面 |
| le béton imprimé | 印花砂浆地面 |
| le bétons prêts à l'emploi ou préfabriqués | 商品混凝土 |
| le bitume armé | 加筋油毡 |
| la bloc à bancher | 灌浆砖 |
| le bloc d'angle | 角砖 |
| le bloc de béton cellulaire | 混凝土蜂窝砖 |
| le bloc linteau | 过梁砖 |
| la briques | 火砖 |
| la brique à alvéoles | 带孔火砖 |
| la brique creuse | 空心火砖 |
| la chaux | 石灰 |
| le ciment | 水泥 |
| l'eau | 水 |
| l'enduit | 抹灰（灰浆） |
| l'enduit prêt à l'emploi | 商品灰浆 |

| l'enduit traditionnel | 传统灰浆 |
|---|---|
| le gravier | 砾石 |
| le gravillon | 细砾石 |
| la laine minérale | 矿物棉 |
| la lauze | 石板 |
| les moellons | 毛石 |
| le mortier | 砂浆 |
| le parpaing | 混凝土砖（水泥砖、灰渣砖） |
| le parpaing creux | 空心混凝土砖 |
| le parpaings en béton creux | 混凝土空心砖 |
| la pierre de taille | 石材，条石 |
| le plâtre | 石膏 |
| le sable | 沙 |
| la tuile canal | 弧形瓦 |
| la tuile mécanique | 机制瓦 |
| la tuile plate | 平瓦 |

### 5.11.2.2 容易混淆的建材术语

#### A. matière / matériau / matériel

Matière（matières）原料：构成产品主体的材料。

matériau（matériaux）材料：包括原料、辅料和消耗材料的所有材料。

matériel（matériels）设备、装置和场地等生产条件。

agrégat 骨料：在混凝土中起骨架或填充作用的粒状松散材料

#### B. brique / parpaing

brique 火砖：泥土烧结的砖，红色，青色。

parpaing 混凝砖：用混凝土制作的砖。规格更大，灰色。

#### C. creux / cellulaire

parpaing creux 混凝土空心砖

parpaing cellulaire 混凝土蜂窝砖

### 5.11.2.3 材料名称翻译举例

同一种材料会有很多类型，翻译时要体现出这种差异。因为译员不是工程技术人员，要准确翻译出同一材料不同类型的差别的确很困难，可以采用网络搜图的办法，借助网络图片的提示利于准确翻译。下面以窗户这种材料为例子。

| | | |
|---|---|---|
| les fenêtres Ouvrantes classiques | | 传统门窗（平开窗） |
| les fenêtres Coulissantes | | 推拉式门窗 |
| les fenêtres oscillo-coulissantes | | 推拉翻开两用窗 |
| les fenêtres coulissantes à translation | | 推拉平关窗（类似面包车的侧门） |

| | | |
|---|---|---|
| les fenêtres oscillo-<br><br>battantes. | 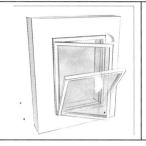 | 平开翻开两用窗 |

## 5.11.3  建筑施工

### 5.11.3.1 建筑施工的主要步骤

| A. Gros œuvres | 主体工程 |
|---|---|
| a. Installation de chantier | 进场准备 |
| b. Excavation – Terrassements | 挖掘 – 土方工程 |
| c. Fondation profonde | 深基 |
| d. Fondations superficielles | 浅基 |
| e. Maçonneries | 砖瓦工程 |
| Murs extérieurs | 外墙 |
| Isolation du creux des murs | 中空墙绝缘 |
| Murs intérieurs | 内墙 |
| Maçonnerie de la cheminée | 烟囱工程 |
| Éléments de planchers (hourdis) | 楼板组件（预制楼板） |
| B. ISOLATION | 绝缘 |
| a. La ventilation | 通风 |
| b. L'isolation | 绝缘 |
| c. Les différents matériaux d'isolation | 各种绝缘材料 |
| d. l'aération et l'humidité | 通风和湿度 |
| e. L'isolation des murs | 墙体防潮 |
| f. L'isolation de la toiture | 屋顶防水 |
| g. L'isolation du sol | 地面防潮 |
| h. L'isolation acoustique | 隔音 |

| C. LA MENUISERIE EXTÉRIEURE | 室外门窗 |
|---|---|
| a. Portes et châssis en PVC | PVC 门和门框 |
| b. Portes et châssis en aluminium | 铝制门和门框 |
| c. Portes et châssis en bois | 木质门和门框 |
| d. Portes et châssis en polyuréthane | 聚氨酯门和门框 |
| e. Portes et châssis en acier | 钢质门和门框 |
| f. Les systèmes de protection des portes | 门保护系统 |
| g. Les systèmes de protection des fenêtres | 窗户保护系统 |
| h. La quincaillerie | 五金件 |
| i. L'isolation | 绝缘 |
| j. Le vitrage | 玻璃 |
| k. La fenêtre de toit et la coupole | 屋顶窗户和老虎窗 |
| l. La porte de garage et le car-port | 车库门和停车棚 |
| D. LA TOITURE | 屋顶 |
| a. La toiture à deux pentes | 两坡屋面 |
| b. Tuiles ou ardoises | 瓦或岩片 |
| c. Les toitures métalliques | 金属屋顶 |
| d. Les autres couvertures de toit | 其它屋面 |
| e. Les toits plats | 平屋面 |
| f. Les gouttières et tuyaux de descente | 天沟和下水管 |
| g. Les fenêtres de toit | 屋顶窗户 |
| E. L'INSTALLATION ÉLECTRIQUE | 电气设施 |
| a. L'électricité | 电 |
| b. Les circuits fermés et la sécurité | 室内线路和安全 |
| c. L'installation | 设施 |
| d. Le dossier électrique | 电气档案 |
| e. Les symboles graphiques | 电气图标 |
| f. Le raccordement | 搭线（通电） |
| g. Adapter une ancienne installation | 改造老设备 |
| h. Les distributeurs d'électricité | 供电公司 |

| F. LES SANITAIRES | 卫生洁具 |
|---|---|
| a. Le raccordement au réseau de distribution d'eau | 连接供水管网 |
| b. La canalisation mère | 主管道 |
| c. Les tuyauteries d'amenée d'eau | 上水管 |
| d. L'évacuation de l'eau | 下水 |
| e. Le traitement des eaux usées | 污水处理 |
| f. Utiliser l'eau de pluie | 雨水利用 |
| g. Le traitement de l'eau | 水处理 |
| G. LE CHAUFFAGE | 取暖 |
| a. Les corps de chauffe | 发热体 |
| b. Le système de régulation | 调节系统 |
| c. Les différents combustibles | 各种燃料 |
| d. Chauffage central - la chaudière | 中央暖气—锅炉 |
| e. Les radiateurs | 散热器 |
| f. Les convecteurs | 对流器 |
| g. Chauffage par le sol et mural | 地暖和墙暖 |
| h. Le chauffage par air pulsé | 吹风取暖 |
| i. Le plafond climatique | 天花板中央空调 |
| k. Le chauffage électrique | 电热器 |
| H. LE PLÂTRAGE | 抹灰 |
| a. Les plâtres et les enduits | 石膏抹灰和砂浆抹灰 |
| b. plâtrer un mur | 墙体抹灰 |
| c. poser des plaques de plâtre | 安装石膏板 |
| I. LES REVÊTEMENTS DE SOL | 地面装饰 |
| a. La chape | 找平层 |
| b. Les normes de revêtements | 装饰标准 |
| c. Les pierres naturelles | 天然石材 |
| d. Les carreaux céramiques | 瓷砖 |
| e. Les parquets massifs | 实木地板 |

| | |
|---|---|
| f. Les parquets laminés | 强化木地板 |
| g. Les parquets stratifiés | 层压强化木地板 |
| h. Les parquets contrecollés | 实木复合地板 |
| j. Le liège | 软木地板 |
| k. La moquette | 地毯 |
| l. Le tapis de pierres | 拼石地面 |
| m. Le linoléum | 亚麻油地板胶 |
| n. Le vinyle | 地板胶 |
| o. Les sols en béton lissé et béton poli | 混凝土压光地面和水磨石地面 |
| **J. LA FINITION DES MURS ET DES SOLS** | **墙面和地面的装饰** |
| a. Les murs | 墙面 |
| b. Les sols | 地面 |
| **K. LA MENUISERIE INTÉRIEURE** | **室内木细活** |
| a. L'escalier | 楼梯 |
| b. Les portes intérieures | 室内门 |
| c. Les portes coulissantes | 推拉门 |
| **L. LA CUISINE** | **厨房** |
| a. L'orientation | 朝向 |
| b. L'électricité | 电 |
| c. La plomberie | 管道 |
| d. La division par secteurs | 分区 |
| e. Le sol et les murs | 地面和墙面 |
| f. L'éclairage | 照明 |
| g. Le mobilier | 家具 |
| h. Le plan de travail | 操作面 |
| i. Le cuisiniste | 备餐台 |
| k. L'électroménager | 家电 |
| **M. LA SALLE DE BAINS** | **浴室** |
| a. La robinetterie | 水龙头 |
| b. Le lavabo | 面盆 |

| c. La toilette | 马桶 |
|---|---|
| d. La douche | 花洒 |
| e. La baignoire | 浴缸 |
| f. Le mobilier et les accessoires | 家具和附件 |
| **N. RECEPTION** | **验收** |
| a. La réception provisoire | 临时验收（中间验收） |
| b. La réception définitive | 最后验收 |

### 5.11.3.2 常见建筑施工的疑难术语

**A. l'isolation**：在建筑中有多重意思，电绝缘、阻风、隔热、保温、防潮、防水、隔音等等，意思就是经过建筑处理将这些对象隔绝在外。

**B. délimiter le périmètre**：放线，在图上或地面上，划出建筑、规划、土地以及挖掘的准确位置。

**C. les règles de l'art**《操作规程》：art 在建筑中不是指艺术，而是动手的技艺。

**D. gâcher**：加水搅拌砂浆或混凝土。

**E. poser**：用在不同的地方，分别表示不同意思：砌砖、铺线、铺管道、安装、铺设钢筋等。

**F. métreur-vérificateur**：预算员，负责工程施工和造价计算的人员。

**G. conducteur de travaux**：施工员，负责现场指挥施工的人员。

### 5.11.3.3 施工文章翻译举例

**原文：**

#### La pose d'un lambris en bois

Pose, mode d'emploi

Tout d'abord, il faut veiller à ouvrir l'emballage et laisser les lames dans la pièce de destination trois jours avant la pose. Lors de la pose on veillera à laisser des joints de dilatation (espaces libre entre les bords du lambris et les cloisons existantes) de 5 à 8 mm. Ces joints seront à cacher par des profils (quart de ronds par exemple).

Ne pas poser des lambris dans des pièces ayant des plâtres ou enduits frais.

Il est vivement recommandé de laisser un espace d'au minimum 2 cm entre le lambris et la surface à recouvrir :

soit par des tasseaux de contre-lattage comme sur la photo 1 (ménagez des espaces entre les contre-lattes pour permettre une circulation d'air);

soit en maintenant l'isolant par des cordelettes ou des tasseaux comme sur la photo 2.

Dans le cas de la pose sur chevrons, vérifiez que ces chevrons sont bien alignés sur un même plan horizontal pour éviter l'effet de vagues !

Dans le cas contraire, utiliser des cales d'épaisseur.

Comme pour le parquet, utilisez la chute du dernier morceau d'une rangée pour commencer la rangée suivante.

Pour mélanger les nuances naturelles du bois, vous pouvez ouvrir plusieurs paquets à la fois et utiliser alternativement des lames provenant de ces différents paquets.

Utilisez des pointes à tête d'homme, de longueur 20 mm (diamètre maxi 1,2 mm) et clouez le lambris soit dans les rainures, soit dans les languettes. Pour ne pas endommager le bois, utilisez un chasse goupille comme illustré.

Il est fréquent que les lames soient légèrement voilées. Maintenez-les fermement pour les clouer. Ce travail sera beaucoup plus rapide et moins fastidieux en procédant à deux personnes.

Il est également possible de poser du lambris à l'aide de clips (mais la pose n'est pas plus rapide) ou bien à l'aide d'une agrafeuse électrique (agrafes de longueur minimale 14 mm).

Pour la finition intérieure des lambris bois, nous vous conseillons l'imprégnation Vitabois ou les lasures naturelles.

**译文：**

### 安装护墙板

安装说明书

首先应该在安装前三天，小心打开包装，将板条放在要安装的房间中。安装时，要注意留下 5~8 毫米膨胀缝（护墙板边沿与现有隔墙之间的空隙处）。这些缝隙用木线条遮盖（如：四分之一圆的木线条）

不要把护墙板放在有新鲜石膏或涂料的地方。

要求在护墙板与要覆盖的表面之间留下至少 2 厘米的空隙：要么如图一所示，采用板条栅式的横木条（板条栅之间有空隙，可以让空气流动）；要么如图二所示，采用细绳或横木条固定绝缘材料。

如果安装在椽子上，要检查这些椽子是否排列在一个水平面，以避免出现波浪效果！

如不在一个水平面，就要用垫片垫高。

像安装木地板一样，使用每排的最后一块的余料，用作下一排的开头。

为了弥补木材的天然差异，可以同时打开数箱，交替使用来自各箱的板条。

使用 20 毫米长的人头钉（最大直径 1.2 毫米），钉在护墙板的凹槽处或榫头处。为了不损坏护墙板，须使用如插图所示的冲子来钉。

板条易常出现变形的情况。应用钉子牢牢地固定。这项工作如果两人一起完成，会快得多，也没有那么乏味。

也可以用卡子固定护墙板（但速度不会更快），或借助电动射枪（射钉至少 14 毫米长）。

对于木质护墙板的罩面，我们建议采用 Vitabois 产品浸渍或者天然拉色产品。

**原文：**

## XX 医院综合楼工程施工进度计划表

合同工期：2007 年 8 月 10 日至 2007 年 11 月 30 日竣工

| 编号 | 工程内容 | 工程开始时间 | 工程结束时间 | 所需天数 | 备注 |
|---|---|---|---|---|---|
| 1 | 旧房拆除 | 2007.8.10 | 2007.8.19 | 9 | |
| 2 | 施工放线、挖地槽、验槽 | 2007.8.20 | 2007.8.25 | 5 | |
| 3 | 基础工程 | 2007.8.26 | 2007.9.8 | 14 | |
| 4 | 一层主体 | 2007.9.9 | 2007.9.22 | 14 | |
| 5 | 二层主体 | 2007.9.23 | 2007.10.6 | 14 | |
| 6 | 三层主体 | 2007.10.7 | 2007.10.14 | 8 | |
| 7 | 内墙装饰 | 2007.10.7 | 2007.10.30 | 23 | 穿插进行 |
| 8 | 外墙装饰 | 2007.10.7 | 2007.10.27 | 20 | 穿插进行 |
| 9 | 楼地面工程 | 2007.10.20 | 2007.11.5 | 20 | 穿插进行 |
| 10 | 门窗工程 | 2007.10.10 | 2007.11.5 | 25 | 穿插进行 |
| 11 | 水电暖工程 | 2007.8.26 | 2007.11.15 | | 穿插进行 |
| 12 | 室外台阶散水 | 2007.10.27 | 2007.11.15 | 18 | 穿插进行 |
| 13 | 内外墙粉刷 | 2007.10.25 | 2007.11.20 | 25 | 穿插进行 |
| 14 | 竣工清理 | 2007.10.30 | 2007.11.20 | 20 | 穿插进行 |
| 15 | 验收交工 | | 2007.11.28 | | |

**译文：**

## Calendrier du chantier du bâtiment complexe de l'hôpital X

Durée du contrat : du 10 août 2007 au 30 novembre 2007

| No. | Désignations | de | à | durée | observations |
|---|---|---|---|---|---|
| 1 | démolition | 10.8.2007 | 19.8.2007 | 9 | |
| 2 | délimitation, creusage et reconnaissance (réception) de la tranchée | 20.8.2007 | 25.8.2007 | 5 | |
| 3 | fondation | 26.8.2007 | 8.9.2007 | 14 | |

| 4 | Gros œuvres du rez-de-chaussée | 9.9.2007 | 22.9.2007 | 14 | |
|---|---|---|---|---|---|
| 5 | Gros œuvres du 1er étage | 23.9.2007 | 6.10.2007 | 14 | |
| 6 | Gros œuvres du 2e étage | 7.10.2007 | 14.10.2007 | 8 | |
| 7 | Finition (revêtement) intérieure | 7.10.2007 | 30.10.2007 | 23 | alternativement |
| 8 | finition (revêtement) extérieure | 7.10.2007 | 27.10.2007 | 20 | alternativement |
| 9 | planchers | 20.10.2007 | 5.11.2007 | 20 | alternativement |
| 10 | menuiserie | 10.10.2007 | 5.11.2007 | 25 | alternativement |
| 11 | eau, électricité et chauffage | 26.8.2007 | 15.11.2007 | | alternativement |
| 12 | soubassement d'étanchéité du perron en plein air | 27.10.2007 | 15.11.2007 | 18 | alternativement |
| 13 | peinture intérieur et extérieure | 25.10.2007 | 20.11.2007 | 25 | alternativement |
| 14 | travaux d'achèvement | 30.10.2007 | 20.11.2007 | 20 | alternativement |
| 15 | réception et livraison | | 28.11.2007 | | |

## 5.11.3.4 施工机械和工具

有些施工工具，无论是法语还是汉语，都会有多种名称，而且作为法语译员平常很难见到这类工具，所以在翻译的时候，一定要借助网络工具、查询图片和验证的办法去核实，才能保证翻译准确。在国外的建筑工具邮购网站上，既有图片又有法语，准确实用。下面是一些常见的建筑机具和工具：

| l'agrafeuse | 射钉枪 |
|---|---|
| la bétonnière | 混凝土搅拌机 |
| la brocheuse | 射钉枪 |
| la boîte à onglet | 斜角切割盒 |

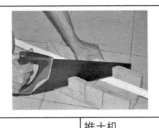

| le bulldozer | 推土机 |
|---|---|
| la chargeuse | 铲车 |
| le chariot élévateur à fourche | 叉车 |
| la cintreuse de rond à béton | 钢筋弯曲机 |
| la clé à molette | 活（络）扳手 |
| le coffrage | 混凝土模板 |
| la compacteuse | 打夯机 |
| le compresseur à air | 空气压缩机 |
| le coupe-tube | 管子割刀 |
| le couteau à carrelage | 瓷砖切割机 |
| le coupe-carreau | 瓷砖切割机 |
| la découpeuse de rond à béton | 钢筋切割机 |
| la dégauchisseuse | 木工平刨机床 |
| le dégorgeoir à tuyaux | 通管器 |
| l'échafaudage | 脚手架 |
| l'égoïne | 木工板锯（手锯） |
| l'équerre | 角尺 |
| l'étau | 老虎钳 |
| l'excavatrice f. | 挖掘机 |
| le foret | 钻头 |
| la galère | 中刨 |
| la grue à tour | 塔吊 |
| la lame de scie | 锯条 |
| la lime | 锉刀 |
| la machine de prédalle alvéolaire | 预应力空心成型机 |
| le maillet | 槌 |
| le marteaux | 锤 |

| la mèche | 钻头 |
|---|---|
| la meuleuse | 砂轮机 |
| la meuleuse d'angle | 角向切割机 |
| la mortaiseuse | 木工打孔机 |
| le niveau | 水平尺 |
| le papier abrasif | 砂纸（布） |
| la perceuse | 电钻 |
| la perceuse à percussion | 冲击电钻 |
| le pinceau | 漆刷 |
| la passerelle | 跳板 |
| le pistolet à mastic | 硅胶枪 |
| le pistolet à peinture | 喷枪 |
| le plancher d'échafaudage | 跳板 |
| la polisseuse de sol | 磨地机 |
| la ponceuse électrique | （木工）电动打磨机 |
| le rabot | 刨子 |
| la raboteuse de bois | 木工压刨机床 |
| le rouleau | （涂料）滚筒 |
| le ruban à mesurer | 卷尺 |
| la scie à eau électrique | 电动水锯（切割石材等） |
| la scie à onglet | 截断锯 |
| la scie à ruban | 木工带锯 |
| la scie sauteuse | 曲线锯 |
| la scie alternative | 往复锯 |
| la scie circulaire | 圆盘锯 |
| la scie électrique | 电动锯 |
| la soudeuse à gaz | 气焊机 |
| la soudeuse électrique | 电焊机 |
| la soudeuse en bout | 对焊机 |
| la tenonneuse | 木工开榫机 |
| la toupie | 混凝土车 |
| le tour à métaux | 金属车床 |

| le tour à métaux perceuse | 金属钻床 |
|---|---|
| le treuil | 卷扬机 |
| la truelle | 镘刀 |
| la varlope | 长刨 |
| la vibreuse de béton | 震捣器 |

## 5.12　定义的翻译

在工程技术文件资料中存在有大量的定义，比如合同、招投标书、协议文件、鉴定报告等大量文件都需要定义或释义的存在，其目的是要明确某个词或词组在该资料文件中的所指，从而区分出与该词或词组在普通意义下的不同。正因为要区分不同，往往这些词或词组的定义释义都有很长的修饰语，也称为"大肚子"修饰语，这是工程技术法语定义的一大特点。修饰语在汉语中一般翻译成定语，但也有其它处理办法。有关"大肚子"修饰语的翻译技巧在 4.8.1 中已经谈到，这里不再赘述。

定义翻译推荐采用"XXX 是指 XXX"这种最基本的格式：并且要注意"对等关系"的平衡，即，要做到被定义的概念与用于表述定义的词汇在词性上对等，比如：**现浇结构**（普通名词）是指在现场支模并整体浇筑而成的**混凝土结构**（普通名词）；"动名词"是指"动名词"：**Transbordement**（动名词）désigne **le transfert**（动名词）d'un navire ou moyen de transport à un autre, afin de poursuivre le transport. (译文：**Transbordement** 转装是指将货物从一艘船或一个运输工具转到另一艘船或别的运输工具上。

此外如果修饰语太长，可以单独成句，注意重复中心词。

**例一：**

*Contrat de Vente des Stocks : désigne le document contractuel faisant partie du Dossier d'Appel d'Offres, intitulé « Contrat de Vente des Stocks », devant être signé entre la Sirama, le « Vendeur » et le Locataire-Gérant, le « Locataire-Gérant », en tant qu'acquéreur, qui est annexé au Contrat de Location-Gérance, sachant que des annexes sont jointes audit Contrat de Vente des Stocks et qu'elles en font partie intégrante.*

《库存出售合同》：是指构成招标文件一部分的合同文件，其名称为《库存出售合同》，应由"希拉玛"公司（出售方）和租赁经营方（租赁经营者名称）之间签订，后者作为受让方，本合同为《租赁经营合同》的附件，同时《库存出售合同》也有一些附件，它们也是《库存出让合同》的不可分割的部分。

上述例句中，合同是指 XX 的合同文件，关系是对等的，不能够译成：合同是双方签订，合同是名词，签订是动词，这就属于不对等关系。另外，"合同文件"（le document contractuel）的修饰语很长，是典型的"大肚子"修饰语，为了满足中文的阅读习惯，在翻译中处理成了一系列单句，同时在必要的地方对中心词进行了重复。

**例二：**

*Fonds de Commerce : désigne l'ensemble des éléments corporels et incorporels appartenant à la Sirama et représentant l'universalité des moyens affectés à l'exploitation du site de Namakia.*

商业资产：是指属于希拉玛公司的，并且交给（分配给）那马奇亚工厂经营使用的所有设施的有形资产和无形资产的全部。

本句修饰语不算太长，可直接处理为汉语的定语。当然也可以处理为一些单句。对等关系也处理正确：商业资产是 XX 资产的全部。

**例三：**

*Partie : désigne indifféremment, selon le cas, la Sirama ou le Locataire-Gérant, au pluriel, le terme « Parties » désigne la Sirama et le Locataire-Gérant.*

（合同）方：根据情况，分别是指希拉玛公司或租赁经营方，复数时，是指希拉玛公司和租赁经营方。

本句的对等关系是：（合同）方是指 XX 方，XX 方。虽然出现两个，但名词对等名词。

简单说，定义翻译要注意：释义的对等关系；修饰语的处理；注意中心词的重复。

## 5.13 合同的翻译

任何商业活动都不可能离开合同等契约文件，我国与法语国家合作的工程技术项目也不例外，工程技术法语翻译必然面临合同翻译的挑战。合同翻译的准确性往往会决定工程项目的盈亏，因此，合同翻译是工程技术法语翻译的一个重要组成部分。

中法文的合同都有一些固定套语和格式，还有一些常用的概念和习语。要做好合同的翻译，首先就要掌握这些习语和固定格式。

### 5.13.1 合同的一般结构

5.13.1.1 合同各方 (les Parties)：注明合同签字的各个单位或个人。如：

**原文：**

**La Société SIRAMAMY MALAGASY (SIRAMA),**

*Société anonyme d'Etat au capital de 1 874 800 000 Ariary, ayant son siège social à Isoraka, Antananarivo, immatriculée au Registre du Commerce et des Sociétés d'Antananarivo sous le n° 2004B00135,*

*représentée par Monsieur Zaka RAKOTONIRAINY, Président Directeur Général, dûment habilité à l'effet du présent contrat,*

*désignée ci-après par « Le Bailleur »,*

*d'une part,*

**译文：**

**希拉玛密－玛拉嘎斯公司（希拉玛公司）**

国营有限责任公司，注册资本 1 874 800 000 阿里亚里（译注：马达加斯加的法定货币单位），法定地址：塔那那利佛市，依索拉卡。塔那那利佛市工商注册号：2004B00135。

代表人：扎卡·拉克托尼雷尼先生，总裁，已获正式授权处理本合同，以下简称为"出租方"，

作为一方，

5.13.1.2 背景介绍（法语要求大写：IL A ETE PREALABLEMENT EXPOSE CE QUI SUIT)：主要说明合同签定的缘由。如：

**原文：**

*La SIRAMA a lancé, le 20 octobre 2006, un appel d'offres pour la location-gérance de chacun des deux sites précités. Au terme de cette procédure, l'offre de la Société _____ a été retenue sur la base des informations et engagements donnés par ce dernier dans son offre du ___ annexée au présent Contrat de Bail Commercial, concernant l'exploitation de Namakia.*

**译文：**

希拉玛公司与 2006 年 10 月 20 日发出了上述两个工厂各自的租赁经营招标书。在招标程序结束后，根据提交的资料和做出的承诺，XX 公司的报价被选中，其在 XX 报价书中提供的资料和承诺附在关于纳马奇亚工厂经营的本《商业租赁合同》后面。

5.13.1.3 释义（la définition)：同样的一个词语在不同的合同中可能有不同的含义和范围限制。为了避免在执行合同时理解和解释的分歧，合同中专门有一个章节对这些词语进行界定，明确其准确的含义。如：

**原文：**

*Définitions*

*Les termes et expressions ci-après, lorsqu'ils sont précédés d'une majuscule, doivent être interprétés selon la signification qui leur est attribuée ci-après.*

*...*

*ix.**Partie** : désigne indifféremment, selon le cas, la Sirama ou le Locataire-Gérant, au pluriel, le terme « Parties » désigne la Sirama et le Locataire-Gérant.*

*x.**Règlement d'Appel d'Offres** ou **RAO** : désigne le document avec ses annexes et contenant les dispositions à respecter par les soumissionnaires en vue de la présentation de leurs offres.*

*xi.**Sirama** : désigne la société Siramamy Malagasy (SIRAMA).*

**译文：**

释义：

下列的术语或表达式，如果首字母是大写，就应按下列给出的涵义进行解释：

......

9.（**合同**）方：根据情况，分别是指希拉玛公司或租赁经营方，复数时，是指希拉玛公司和租赁经营方（译注：以下复数时，翻译为"双方"）。

10.《**招标规定**》或缩写 RAO：是指投标人投标时应该执行的文件及其附件，以及其中的条款。

11. 希拉玛：是指希拉玛密 – 玛拉嘎斯公司（希拉玛公司）

5.13.1.4 一般条款 (les conditions générales)：合同的主要内容，是指合同中针对多个合同方都适用的条款。如销售方是同一个人，而购买方是很多人，而与每个购买者签订的合同中有一部分条款都是相同的。这部分条款就是一般条款。

**原文：**

*Les présentes Conditions Générales ont pour objet de définir les modalités de mise à disposition des services de la société, ci-après nommé « le Service » et les conditions d'utilisation du Service par l'Utilisateur.*

*Toute utilisation des services de la société suppose l'acceptation et le respect de l'ensemble des termes des présentes Conditions et leur acceptation inconditionnelle. Elles constituent donc un contrat entre le Service et l'Utilisateur.*

*Dans le cas où l'Utilisateur ne souhaite pas accepter tout ou partie des présentes conditions générales, il lui est demandé de renoncer à tout usage du Service.*

**译文：**

本一般条款旨在明确 XX 公司提供服务的方式和用户使用服务的条件。提供服务的 XX 公司在下面条文中简称为"服务方"。

任何使用 XX 公司服务的前提条件是接受并遵守本《一般条款》的全部内容，并且无条件接受。本条款是服务方与用户之间的一个合同。

如果用户不愿意接受本《一般条款》的全部和部分内容，请终止使用服务方的服务。

5.13.1.5 特别条款 (les conditions particulières)：合同的主要内容，是指合同中针对每个合同方都有所不同的条款。如在商品买卖中，每个购买者购买的数量、品种、交货时间、付款方式都可能有区别，合同中这部分不同的内容就是特别条款。如：

**原文：**

*Les présentes Conditions particulières (ci-après, les « Conditions particulières ») définissent les droits et obligations de la société et de l'Abonné dans le cadre de l'usage des services Internet Plus, relevant des Conditions Générales.*

*Les présentes Conditions particulières prennent effet à compter de leur acceptation, lorsque l'Abonné clique sur la case « j'accepte ».*

**译文：**

本《特别条款》（以下简称为"特别条款"）规定了 XX 公司和订户

在使用和提供互联网＋的服务过程中的权利和义务，且这些服务属于一般条款规定的内容。

本特别条款从订户点击"确认"键、接受本《特别条款》之时生效。

5.13.1.6 保密条款 (la confidentialité et la discrétion)：合同内容之一，合同各方应该遵循的保密方面的规定。如：

**原文：**

ARTICLE XIII - Confidentialité et discrétion

Le Concessionnaire s'engage pendant toute la durée du présent contrat et sans limitation après son expiration à la confidentialité la plus totale et à une complète discrétion, concernant toutes informations auxquelles il aurait pu avoir accès dans le cadre de l'exécution du présent contrat.

Le Concessionnaire s'engage à faire respecter cette obligation par tous les membres de son personnel.

**译文：**

第十三条：保密和安全条款

受让方承诺在整个合同执行期间，并在合同结束后的无限期内，对在执行合同时可能接触到的任何信息进行全面保密和采取全面的安全措施。

受让方承诺让其所有的员工执行这条义务。

5.13.1.7 仲裁条款 (l'arbitrage)：合同内容之一，主要约定在合同各方出现争执或纠纷的时候，应该选取的第三方裁定的程序。因为不同的仲裁机构可能得出不同的仲裁决定，故应在签订合同时就约定好应该求助的仲裁机构。如：

**原文：**

ARTICLE XV - Clause d'arbitrage

Tous les litiges auxquels le présent contrat pourrait donner lieu, *concernant notamment sa validité, son interprétation, son exécution ou sa résiliation, feront l'objet d'un arbitrage, conformément au règlement de conciliation et d'arbitrage de la Chambre de Commerce Internationale.*

**译文：**

第十五条：仲裁条款

与本合同有关的所有纠纷，尤其是涉及其有效性、解释、执行和解除的事宜，将按照国际商会的调解和仲裁规定进行仲裁。

5.13.1.8 适用法律 (le droit applicable)：合同内容之一。每个国家或地区，法律的规定都有所差异，为避免以后的争执，需提前约定在出现纠纷时应援用的法律。如：

**原文：**

*Les présentes Conditions Générales sont soumises au droit interne français. La langue des Conditions Générales est la langue française. En cas de litige, les tribunaux français seront seuls compétents.*

**译文：**

本《一般条款》服从法国国内法。《一般条款》的语言为法语。发生诉讼时，法国法庭是唯一的有管辖权的法庭。

5.13.1.9 签字落款 (la signature)：合同内容之一，除了有合同各方代表人的签名，还需注明原件一式几份，签于什么地方，签订时间等内容。如：

**原文：**

*Fait à*

*le*

*en cinq exemplaires originaux,*

*dont un pour l'enregistrement à la Recette des Impôts, et un pour l'enregistrement auprès de l'INPI.*

*Société*                *Société*

*Le Concédant*         *Le Cessionnaire*

**译文：**

于——（时间）签于（地点）

一式五份，其中一份用于税务登记，一份用于国家工业产权局备案。

公司名               公司名

出让方               受让方


5.13.1.10 补充协议 (l'avenant): 根据当时情况和协商，对主要合同和框架协议的原则性条款进一步明确和细化的契约性文件。下面是一个补充协议的节选，进一步明确推迟交货或交工将进行的处罚。

**原文：**

*Les parties rappellent d'un commun accord, qu'elles ont convenu en cas de non achèvement des constructions objets des présentes au plus tard le JJ/MM/AAAA, et en cas de non livraison entre les mains des acquéreurs à cette date pour quelque cause que ce soit, que le paiement d'une somme de xxx euros par jour calendaire de retard serait due par le Vendeur aux acquéreurs.*

*Le décompte des jours de retard sera proposé par le Vendeur dans son courrier de convocation pour la remise des clés*

*En cas d'accord entre les parties sur ce décompte, le montant des pénalités de retard sera déduit du versement effectué par l'acheteur à la livraison des lots*

**译文：**

双方一致同意进一步明确双方达成的如下协议：无论什么原因，如果最迟在 XXXX 年 XX 月 XX 日未完成本合同标的之建造，并且未在该日期交到购买者手中，将由销售方付给购买者一笔按日历日期计算每延迟一天 XX 欧元的款项。

延迟天数由销售方在交钥匙的通知信函中首先提出。

如果双方接受延迟天数的计算，延迟罚款的金额将从购买者在交房时支付的款项中扣减。

### 5.13.2　合同最基本的套语

以下是每份正规合同都应该有的套语，要注意，都是大写：

ENTRE LES SOUSSIGNES :

D'UNE PART,

ET :

D'AUTRE PART,

以……为一方，

以……为另一方，

ETANT PREALABLEMENT RAPPELE QUE :

背景说明：

IL A ETE ENSUITE CONVENU ET ARRETE CE QUI SUIT :

双方达成如下协议：

### 5.13.3　合同中常见的一些概念

合同语言不同于日常生活用语，在法汉两种语言中均有专门的表达，故翻译时也应该取其合同术语的表达式。下面是常见的一些契约概念的专门表达式：

| 标　的 | objet du contrat（指合同要完成的内容） |
|---|---|
| 不可抗力 | la force majeure |
| 合同期限 | la durée de contrat |
| 商业合作合同 | le contrat des partenaires commerciaux |
| 生　效 | prendre effet |
| 中止合同 | la suspension du contrat |
| 修改合同 | la modification du contrat |
| 取消合同 | l'annulation du contrat |
| 违背合同 | la violation du contrat |

| 解除合同 | la résiliation du contrat |
|---|---|
| 催告书 | la mise en demeure |
| 回 执 | l'avis de réception |
| 挂号信 | la lettre recommandée |
| 提前解除合同 | résilier le contrat par anticipation |
| 合同到期 | l'expiration du contrat |
| 保密条款 | confidentialité et discrétion |
| 事前的明确的书面同意 | l'accord express, préalable et écrit |
| 无须预先通知 | sans préavis |
| 他认为合适时 | comme bon lui semble |
| 一式三份 | en trois exemplaires |
| 执行法律 | droit applicable |
| 调 停 | la conciliation |
| 仲 裁 | l'arbitrage |
| 商业资产 | le fonds de commerce |
| 知识产权 | la propriété intellectuelle |
| 独家经销 | la distribution exclusive |
| 以下简称为 | ci-après désignée... |
| 合同附件 | l'annexe |
| 后附的 | ci-joint, e |
| 签字人 | soussigné |
| 出让人 | le concédant |
| 受让人 | le concessionnaire |
| 特许权使用费 | la redevance |
| 配 额 | le quota |
| 保险单 | une police d'assurance（保险合同） |
| 根据本合同 | aux termes du présent contrat |
| 所有权 | la propriété |
| 购买保险 | souscrire une police d'assurance |
| 承担各自的经营风险 | assumer chacun les risques de sa propre exploitation |
| 转 让 | la cession |

| 租赁经营 | la location-gérance |
|---|---|
| 入　股 | l'apport |
| 促销政策 | la politique de promotion |
| 保证做到 | s'engager à faire en sorte que |
| 进　货 | s'approvisionner |

### 5.13.4　菲迪克条款（Les Conditions FIDIC）

　　菲迪克 (FIDIC) 是法语 La Fédération Internationale des Ingénieurs-Conseils 首字母缩写，它是大型国际承包工程普遍采用的格式化合同条款，它不仅适用于全世界，而在法语国家也普遍采用。菲迪克条款在发展中国家使用更为广泛，尤其是世界银行投资或介入的项目，而且属于援助范围的各国贷款项目强制要求采用菲迪克条款。

　　事实上，菲迪克条款是工程承包的合同模板，可为工程的谈判与合同签订节省大量人力物力以及时间，也规范了工程发包、施工和验收的各个环节。菲迪克条款可分为：

红册（Livre Rouge）：土建项目；

黄册（Livre Jaune）：机械电子设备和品牌设计；

绿册（Livre Vert）：本地招标的小项目；

银册（Livre Argent）：交钥匙工程；

白册 (Livre Blanc)：约定顾客与咨询工程师之间关系。

金册（Livre Or）：设计 - 建设 - 经营一揽子工程。

每册均有二十款（Clause)，详细规定合同各方的权利和义务。如《银册》二十款的内容如下：

第一、二款：所用词条的释义（définition du vocabulaire employé）

第三、四、六款：合同各方的认定及其任务（identification des parties et de leur mission）

第五、七款：工程设计（conception de l'ouvrage）

第四款（部分）：材料供应（approvisionnement）

第八、九、十二款：工程施工（exécution des travaux）

第十三款：合同修改程序（procédure de modification）

第十款：验收（réception）

第十四款：付款方式（modalités de paiement）

第十一、十七、十八、十九款：风险与责任（risques et responsabilité）

第二十款：纠纷解决方式（mode de résolution des litiges）

虽然菲迪克条款合同范本均为英语撰就，但在法语国家的国际承包工程中，尤其是国际组织投资或介入的项目中，广泛采用菲迪克条款，只不过是以法语呈现。在本书多处内容内容，尤其是与合同有关内容大多与菲迪克条款有关。

作为工法译员应该了解菲迪克条款。当在合同谈判中，涉及菲迪克条款时，才能够快速理解和作出正确的翻译处理。

## 5.14　会计报表的翻译

任何涉外工程技术项目因税收或分红等原因都可能需要对会计报表（la balance comptable) 的翻译。尤其是董事会会议的翻译，很多时间是在讨论会计报表。工程技术法语翻译无需填制会计报表，但必须学会读懂报表，只有在读懂的基础上，才可能进行正确的翻译。

### 5.14.1　财务与会计的区别

财务 (les finances) 主要是指现金流的管理，而汉语中，在政府层面称之为"财政"。在企业中具体的执行部门主要有 la caisse( 出纳），la trésorerie（金库）。会计（le comptable) 是指账目的管理人员，负责企业各种账目的填制和计算。

### 5.14.2　财务会计的一些基本概念

借方 (le débit)：借来的钱。如股东投资、银行贷款、未付款等。借贷在不同科目是转换的。

贷方 (le crédit)：借出的钱。如应收款、在建工程、汇兑损失。贷借在不同科目是转换的。

余额 (le solde)：借贷方的差额。

对等 (l'équilibre)：有借必有贷，借贷必相等的原则。

结转 (le report)：将上页或上年的余额记入下一页或下一年的行为。

记入 (imputer)：将某笔账登记到某个科目下的行为。

科目 (le poste)：一类支或收的名称。

折旧 (l'amortissement)：资产每年的消耗分摊额。

折旧费( la dotation d'amortissement)：进入成本的、用于折旧摊销的费用。

汇兑损益 (l' écart conversion passif)：汇率变化所造成的账面资金的减少。

汇兑增益 ( l'écart conversion actif)：汇率变化所造成的账面资金的增加。

举例说明：某日账面外汇：10000 美元，当日美元对人民币汇率是 1:8.3，等于 83000 元人民币

年底账面上：10000 美元，但年底美元对人民币汇率是 1:7.8，等于 78000 元人民币

以人民币计，资产减少了：83000 元 – 78000 元 = 5000 元

汇兑损益：5000 元人民币。

转移支付（ transfert de charges): 由第三方支付而增加的资产。

举例说明：你购置了一台打印机，相当于你增加了一台打印机的资产，这是收入，但你并没有付款，而是有关机构替你出的钱。相当于人家给你钱，你去买的打印机。但是，你没有发票。

### 5.14.3  主要会计报表

5.14.3.1 盘点表 (livre d'inventaire)：对实物和账目数量相核对，准确反映某个时间库存数量和价值的报表。盘点表的内容比较简单，一般有编号、品名、规格、数量、单价和总价构成。

举例:

**原文：**

| N° d'ordre | Désignations | Qté | Prix unitaire | montant | Obs. |
|---|---|---|---|---|---|
| | Turbo alternateur à condensation comprenant | Ensemble | | | |
| | turbine marque BREGUET N°1 681-325CV | 1 | | | |
| 230 | réducteur de vitesse BREGUET Type G335 N°444 | 1 | | | |
| | alternateur marque BREGUET AC1000 N°48263/ 525KVA | 1 | | | |
| | Turbo alternateur à contre pression comprenant : | Ensemble | | | |
| | turbine marque BREGUET N°1879 570CV | 1 | | | |
| 232 | réducteur de vitesse BREGUET H385 N°P 442-7590 | 1 | | | |
| | alternateur marque BREGUET N°73754-1050KVA | 1 | | | |
| 234 | Poste de transformation ISOCEM Transwel Type : Tum 23/400 400 KVA | 2 | | | |
| 235 | Etau | 1 | | | |
| 236 | Extincteur marque SICLI | 2 | | | |
| 237 | Pont roulant de 8500 Tonnes | 1 | | | |
| 238 | Servante d'atelier | 1 | | | |
| 239 | Armoire commande élec. p/ 4 turbo et divers dép. | 1 | | | |

| 240 | Condenseur marque BREGUET comprenant : | Ensemble | | | |
| | Filtre pour eau brute | 1 | | | |
| | pompe marque BREGUET KSB à condensation N°953631/1061 | 1 | | | |
| | Moteur marque UNELEC N°22014/708015 | 1 | | | |
| | Pompe d'extraction marque BREGUET N°953631/2061 | 1 | | | |
| | Moteur marque UNELEC N°402416J00002 | 1 | | | |
| 242 | Tuyauterie vapeur 14 bars (collecteur, vannerie, purge) | Ensemble | | | |

**译文：**

| 序号 | 品名 | 数量 | 单价 | 金额 | 备注 |
|---|---|---|---|---|---|
| 230 | 凝汽式涡轮发电机（含：） | 组 | | | |
| | 涡轮机 品牌：BREGUET N° 1 681–325CV | 1 | | | |
| | 减速器 BREGUET 型号：G335 N° 444 | 1 | | | |
| | 发电机 品牌：BREGUET AC1000 N° 48263/ 525KVA | 1 | | | |
| 232 | 背压式涡轮发电机（含：） | 组 | | | |
| | 涡轮机 品牌：BREGUET N° 1879 570CV | 1 | | | |
| | 减速器 BREGUET 型号：H385 N° P 442–7590 | 1 | | | |
| | 发电机 品牌：BREGUET N° 73754–1050KVA | 1 | | | |

| | | | | | |
|---|---|---|---|---|---|
| 234 | 变电站 ISOCEM Transwel 型号：Tum 23/400 400 KVA | 2 | | | |
| 235 | 台虎钳 | 1 | | | |
| 236 | 灭火器 品牌：SICLI | 2 | | | |
| 237 | 龙门吊 8500 吨 | 1 | | | |
| 238 | 移动工具箱 | 1 | | | |
| 239 | 电气控制柜 供 4 组涡轮和各个部门 | 1 | | | |
| 240 | 冷凝器 品牌BREGUET( 含：) | 套 | | | |
| | 原水过滤器 | 1 | | | |
| | 水泵 品牌：BREGUET KSB 冷凝式 N° 953631/1061 | 1 | | | |
| | 电机 品牌：UNELEC N° 22014/708015 | 1 | | | |
| | 抽取泵 品牌：BREGUET N° 953631/2061 | 1 | | | |
| | 电机 品牌：UNELEC N° 402416J00002 | 1 | | | |
| 242 | 蒸汽管道 14 巴 ( 收集器、阀门、排污阀 ) | 组 | | | |

5.14.3.2 资产负债表 (le bilan)：反映某个时间点拥有的资产和负债状况的报表。

举例：

原文：

## BILAN ACTIF au 31 décembre 2005 (en Euros)

| ACTIF | au 31/12/2005 | | | au 31/12/2004 |
|---|---|---|---|---|
| Libellés | Brut | Amortts ou Provisions | Net | |
| ACTIF IMMOBILISE | | | | |
| Autres immobilisations corporelles | | | | |
| Matériel de bureau et informatique | 23 009,94 | 18 966,81 | 4 043,13 | 6 503,36 |
| Mobilier de bureau | 5 380,53 | 2 858,31 | 2 522,22 | 2 293,56 |
| Autres immobilisations financières | | | | |
| Société Le Monde diplomatique | 1 686 848,43 | | 1 686 848,43 | 1 686 848,43 |
| TOTAL I | 1 715 238,90 | 21 825,12 | 1 693 413,78 | 1 695 645,35 |
| ACTIF CIRCULANT | | | | |
| Autres créances | | | | |
| Ste Le Monde diplomatique | 3 902,76 | | 3 902,76 | 7 623,00 |
| Ticket restaurant | 152,00 | | 152,00 | 32,00 |
| Org. Soc. Produits à recevoir | 750,00 | | 750,00 | 750,00 |
| divers | 1 607,00 | | 1 607,00 | |
| Valeurs mobilières placement | 189 493,51 | | 189 493,51 | 222 911,08 |
| Disponibilité | | | 21 150,38 | 43 703,18 |
| BICS | 6 906,45 | | | |
| CREDIT COOPERATIF | 1 204,40 | | | |

| | | | | |
|---|---|---|---|---|
| BC GENEVE | 6 055,55 | | | |
| TRIODOS | 1 424,91 | | | |
| Caisse | 3 378,47 | | | |
| Avances PAYS SUD | 2 180,60 | | | |
| CGES CONSTATEES D'AVANCE | 625,00 | | 625,00 | 71,06 |
| TOTAL II | 217 680,65 | | 217 680,65 | 275 090,32 |
| TOTAL GENERAL | 1 932 919,55 | 21 825,12 | 1 911 094,43 | 1 970 735,67 |

## BILAN PASSIF au 31 décembre 2005 (en Euros)

| PASSIF | au 31/12/2005 | au 31/12/2004 |
|---|---|---|
| FONDS PROPRES | | |
| Réserve statutaire ou contractuelle | 1 561 109,83 | 1 561 109,83 |
| Réserve spéciale | 103 309,97 | 56 114,87 |
| Report à nouveau | 239 189,89 | 217 482,16 |
| Perte de l'exercice | <42 484,04> | 68 902,83 |
| TOTAL I | 1 861 125,65 | 1 903 609,69 |
| DETTES | | |
| Dettes fournisseurs et comptes rattachés | 32 081,56 | 52 919,68 |
| Dettes sociales | 17 400,67 | 13 618,50 |
| Produits constatés d'avance | 70,00 | 146,00 |
| Ecart conversion passif | 416,55 | 441,80 |
| | | |
| TOTAL II | 49 968,78 | 67 125,98 |
| TOTAL GENERAL | 1 911 094,43 | 1 970 735,67 |

**译文：**

## 资产负债表（资产）（2005 年 12 月 31 日）单位：欧元

| 资产 | 于 2005 年 12 月 31 日 | | | 于 2004 年 12 月 31 日 |
|---|---|---|---|---|
| 名称 | 原值 | 折旧或准备金 | 净值 | |
| 不动资产 | | | | |
| 有形不动资产 | | | | |
| 办公设施和计算机 | 23 009.94 | 18 966.81 | 4 043.13 | 6 503.36 |
| 办公家具 | 5 380.53 | 2 858.31 | 2 522.22 | 2 293.56 |
| 其它金融性不动产 | | | | |
| 《外交世界》公司 | 1 686 848.43 | | 1 686 848.43 | 1 686 848.43 |
| 合计 1 | 1 715 238.90 | 21 825.12 | 1 693 413.78 | 1 695 645.35 |
| 流动资产 | | | | |
| 其它债权 | | | | |
| 《外交世界》公司 | 3 902.76 | | 3 902.76 | 7 623.00 |
| 餐券 | 152.00 | | 152.00 | 32.00 |
| 组织、公司 应收产品 | 750.00 | | 750.00 | 750.00 |
| 其它 | 1 607.00 | | 1 607.00 | |
| 有价证卷投资 | 189 493.51 | | 189 493.51 | 222 911.08 |
| 现金 | | | 21 150.38 | 43 703.18 |
| 大众银行 | 6 906.45 | | | |
| 合作信贷银行 | 1 204.40 | | | |
| 日内瓦中央银行 | 6 055.55 | | | |
| 荷兰 TRIODOS 银行 | 1 424.91 | | | |
| 出纳现金 | 3 378.47 | | | |
| PAYS SUD 预付金 | 2 180.60 | | | |

| | | | |
|---|---|---|---|
| 已付货款 | 625.00 | | 625.00 | 71.06 |
| 合计 2 | 217 680.65 | | 217 680.65 | 275 090.32 |
| 总计 | 1 932 919.55 | 21 825.12 | 1 911 094.43 | 1 970 735.67 |

## 资产负债表（负债）（2005 年 12 月 31 日）单位：欧元

| 负债 | 于 2005 年 12 月 31 日 | 于 2004 年 12 月 31 日 |
|---|---|---|
| 自有资金 | | |
| 公司章程和协议规定的储备金 | 1 561 109.83 | 1 561 109.83 |
| 特别储备金 | 103 309.97 | 56 114.87 |
| 结转 | 239 189.89 | 217 482.16 |
| 年度亏损 | <42 484.04> | 68 902.83 |
| 合计 1 | 1 861 125.65 | 1 903 609.69 |
| 债务 | | |
| 欠供应商和相关账目 | 32 081.56 | 52 919.68 |
| 社保欠款 | 17 400.67 | 13 618.50 |
| 未付款货物 | 70.00 | 146.00 |
| 债务汇兑损失 | 416.55 | 441.80 |
| | | |
| 合计 2 | 49 968.78 | 67 125.98 |
| 总计 | 1 911 094.43 | 1 970 735.67 |

5.14.3.3 损益表 (profit et perte)：也称为决算表 (le compte de résultat)，反映企业一定时期经营结果（赚钱或亏损）的报表。

举例：

**原文：**

**COMPTE DE RESULTAT au 31 décembre 2005 (en Euros)**

| COMPTE DE RESULTAT | | au 31/12/2005 | au 31/12/2004 |
|---|---|---|---|
| PRODUITS | | | |
| Cotisations | | 172 592,60 | 188 167,14 |
| Subventions | | 3 557,00 | |
| Transfert de charges | | 785,75 | 7 875,00 |
| autres produits | | 1 525,00 | 2 425,00 |
| **TOTAL I** | | 178 460,35 | 198 467,14 |
| CHARGES D'EXPLOITATION | | | |
| Autres achats et charges externes | | 154 003,34 | 189 379,83 |
| Fournitures administratives | 8 055,99 | | |
| Location de salle | 8 710,96 | | |
| Location matériel, photocopieur | 5 730,20 | | |
| Location immobilière | 14 950,00 | | |
| Maintenance | 1 895,14 | | |
| Assurance | 1 002,98 | | |
| Honoraires commissaire aux comptes | 9 700,00 | | |
| Imprimerie, annonces, pub … | 19 367,99 | | |
| Missions liées aux activités | 58 780,75 | | |
| Téléphone, Internet | 2 015,97 | | |
| Affranchissement | 21 101,52 | | |
| Frais bancaires | 2 691,84 | | |
| | | | |

| Frais de personnel | | 92 347,47 | 87 362,34 |
|---|---|---|---|
| Salaires et traitements | 61 067,08 | | |
| Charges sociales | 31 280,39 | | |
| Dotations aux amortissements | 4 089,33 | 4 089,33 | 3 476,39 |
| **TOTAL II** | 250 440,14 | 250 440,14 | 280 218,56 |
| Produits financiers | | 3 286,69 | 143 483,77 |
| Charges financières | 190,37 | | 141,17 |
| Produits exceptionnels | | 26 532,86 | 7 350,26 |
| Charges exceptionnelles | 133,43 | | 38,61 |
| **TOTAL DES PRODUITS** | | 208 279,90 | 349 301,17 |
| **TOTAL DES CHARGES** | | 250 763,94 | 280 398,34 |
| **RESULTAT** | | <42 484,04> | 68 902,83 |

**译文：**

**决算（2005 年 12 月 31 日）单位：欧元**

| 决算 | 于 2005 年 12 月 31 日 | 于 2004 年 12 月 31 日 |
|---|---|---|
| 收入 | | |
| 会费 | 172 592.60 | 188 167.14 |
| 津贴 | 3 557.00 | |
| 转移支付 | 785.75 | 7 875.00 |
| 其它收入 | 1 525.00 | 2 425.00 |
| 合计 1 | 178 460.35 | 198 467.14 |
| 经营支出 | | |
| 其它购入和外部开支 | 154 003.34 | 189 379.83 |
| 办公用品 | 8 055.99 | |
| 场地租赁 | 8 710.96 | |
| 租用复印设备 | 5 730.20 | |
| 租用不动产 | 14 950.00 | |

| | | | |
|---|---|---|---|
| 日常维护 | 1 895.14 | | |
| 保险 | 1 002.98 | | |
| 稽核报酬 | 9 700.00 | | |
| 印刷品、通知、广告…… | 19 367.99 | | |
| 出差 | 58 780.75 | | |
| 电话、网络 | 2 015.97 | | |
| 邮费 | 21 101.52 | | |
| 银行费用 | 2 691.84 | | |
| | | | |
| 人员费用 | | 92 347.47 | 87 362.34 |
| 工资与待遇 | 61 067.08 | | |
| 社保费用 | 31 280.39 | | |
| 折旧费 | 4 089.33 | 4 089.33 | 3 476.39 |
| 合计 2 | 250 440.14 | 250 440.14 | 280 218.56 |
| 财务收入 | | 3 286.69 | 143 483.77 |
| 财务费用 | 190.37 | | 141.17 |
| 特别收入 | | 26 532.86 | 7 350.26 |
| 特别费用 | 133.43 | | 38.61 |
| 收入合计 | | 208 279.90 | 349 301.17 |
| 支出合计 | | 250 763.94 | 280 398.34 |
| 结果 | | <42 484.04> | 68 902.83 |

### 5.14.4 常见的会计术语

| l'actif *m.* | 资产 |
|---|---|
| l'actif immobilisé | 固定资产 |
| l'actif circulant | 流动资产 |
| l'action *f.* | 股份 |
| l'affranchissement *m.* | 付邮资，邮资 |

| | |
|---|---|
| ajuster *v.t.* | 对账 |
| l'amortissement *m.* | 折旧 |
| l'année civile *f.* | 自然年度（公历年度） |
| l'audit *m.* | 审计 |
| l'avance *f.* | 预付款，预支款 |
| les avoirs *m.* | 财产；债权 |
| la balance | 账目总称 |
| le bilan | 资产负债表 |
| la caisse | 出纳处，出纳处现金 |
| la charge | 支出，费用 |
| charges constatées d'avance | 已付货款 |
| le commissaire | 审计员，查账员 |
| le commissaire aux comptes | 稽核 |
| le compte de résultat | 损益表（决算表） |
| le conseil d'administration | 董事会 |
| la conversion | 换算；兑换 |
| la cotisation | 会费 |
| la créance | 债权；应收款 |
| le crédit | 贷方 |
| le débit | 借方 |
| la dépréciation | 贬值，减值 |
| la disponibilité *pl.* | 流动资金 |
| le dividende | 股息，红利 |
| la dotation | 捐赠，捐款 |
| la dotation aux amortissements | 折旧费 |
| l'exercice *m.* | 会计年度 |
| le fonds propre | 自有资金 |
| le grand livre | 总账 |
| l'immobilisations corporelle | 有形资产 |
| l'imputation *f.* | 列入，记入 |
| l'inventaire *m.* | 清产核资，盘点 |
| le journal | 日记账 |

| les jetons de présence | （发给董事会成员的）车马费 |
|---|---|
| patrimonial *a.* | 资产的 |
| le placement | 投资；投资的钱 |
| le poste | （会计）科目 |
| la présentation | 记帐 |
| le produit | 收入，收益 |
| profit et perte | 损益表 |
| la provision | 准备金，保证金 |
| la régularisation des comptes | 调帐 |
| le report | 结转下页；结转金额 |
| reporter | 把（帐目等）结转（下页、下一年） |
| la réserve | 储备金，准备金 |
| le reversement | 转入 |
| le solde | 差额，余额 |
| statutaire *a.* | 法定的，公司章程规定的 |
| se solder | 结算 |
| le traitement | 待遇 |
| la valeur | 证券，股票；票据 |
| les valeurs(mobilières) | 有价证券 |

### 5.14.5　会计报表翻译注意事项

（1）会计财务内容的翻译中，会遇到很多表格，要注意表格翻译的规范，省略冠词，注意小数点的转换。前面章节已经讲过，这里不赘述。

（2）需有足够的背景知识，才能理清个科目间关系，翻译时才有逻辑性。可借助网络查询相关类似表格和内容作为背景知识的补充。

（3）掌握逻辑关系，资产一定要翻译出是可以动用的钱，负债是一定要还的钱，如：餐票，在不同的科目下就是不同的意义。在资产项下，指已经付款，但未使用的餐券，而在负债项下，是指已经把餐券拿回来，但未付款，欠人家的钱。

（4）表格之外的文字说明是解释账目异常的原因。明白这个关联就能帮助对表格说明文字的理解和翻译。

（5）注意普通词汇在会计学中的意义：

| 法语词汇 | 通常意义 | 会计意义 |
|---|---|---|
| Bilan | 总结 | 资产负债表 |
| Actif | 主动 | 资产 |
| Créance | 到期 | 应收款 |
| Caisse | 收银台 | 出纳 |
| Passif | 被动 | 负债 |
| Réserve | 保留 | 储备金 |
| Report | 推迟 | 结转 |
| Exercice | 练习 | 年度 |
| Produit | 产品 | 收入 |
| Traitement | 对待 | 福利待遇 |
| Amortissement | 缓冲 | 折旧 |
| Social | 社会的 | 社保的 |
| Jeton de présence | 出席报酬 | （董事会）车马费 |

### 5.14.6 对会计报表的解释文字

对会计报表的内容进行文字说明也是翻译的重要部分，同时也是董事会开会或财务会议重点讨论的内容。要翻译这些说明文字，必须具备对会计财务背景知识的了解，对专业术语的把控。只有这样，才可能准确流畅地进行翻译。下面特举一例：

**原文：**

*Le Capital*

*Au premier janvier 2000, le capital transmis par l'ex-CORI s'élevait à 2 798 093,62 F. divisé en deux parties : 2 719 126,81 F. placés en SICAV à revenus trimestriels et en 78 966,81 placés sur deux comptes sur livret.*

*Au 31 décembre 2000, le capital s'élevait à 2 802 997,38 F. divisé lui aussi en deux parties : 2 710 296,50 F. en SICAV à revenus trimestriels et en 92 700,58 F. placés sur deux comptes sur livret. Comme déjà dit l'année dernière, ces comptes sur livret rapportent peu mais sont mobilisables à tout moment. Ils constituent donc le fonds de roulement du CFI et sont utilisés au cours du premier semestre de l'année, avant que les dotations et subventions n'arrivent, pour les avances de bourses et les acomptes versés pour les transports et les hôtels des boursiers francophones, voire pour des avances de réservation de salles au congrès. Ce fonds de roulement est reconstitué en fin d'année. Il est indispensable pour assurer la soudure entre nos différentes recettes.*

*Je les mentionne ici mais on ne peut les considérer objectivement comme du capital.*

**译文：**

**资本金**

在 2000 年 1 月 1 日，由前 CORI 委员会 (Conseil Organisation et Réalisations Informatiques) 转交的资本金达到了 2798093.62 法郎，分为两部分：2719126.81 法郎存放在可变资本投资公司 (Société d'Investissement à Capital Variable)，每个季度可获得收益；另外 78966.81 法郎存在两本存折上。

在 2000 年 12 月 31 日，资本金为 2802997.38 法郎，也分为两部分：在可变资本投资公司的存款是 2710296.50 法郎，每季度有收益，另两本存折上有 92700.58 法郎。如去年已经讲到的一样，在存折上的存款虽然收益很少，但是这些钱是可以随时动用的。它们是 CFI 的滚动资金，并且在捐赠款项和津贴到账之前的上半年被用作助学金的预付款和法语奖学金学员的交通和住宿的定金，甚至还用作了租借会议大厅的预付款。这些滚动资金在年底得到恢复。为填补我们各种收入的空档，它是必不可少的。

我在这里这样解释，但是大家不能把它视为真正意义上的资本金。

## 5.15 保险单的翻译

没有一个工程项目能避开保险，保险能规避由于意外原因和天灾人祸所造成的损失。在所有法语国家，保险制度已经很发达完善。甚至对工程建造还规定了一些强制险种。有些险种的保险费会根据企业采取的预防措施的好坏来决定保费的高低，当然工程技术法语翻译也离不开对保单的翻译。而且法国安盟保险公司已进入我国，它在中国的业务也离不开工法翻译的支撑。

### 5.15.1 法国的工程损失险

工程损失险是法国于 1978 年 1 月 4 日颁布的第 78-12 法所确立的，是新开工工程必须投保的一个险种。

该险种须由工程承包公司在工程开始之前购买。该险种的目的在于无需等待司法结果，直接赔付或修复属于十年保修期内出现的问题。提供该险种的保险公司应派人完成由专家鉴定所确定的必须要做的工程，而且专家鉴定只进行一次。然后，保险公司再负责向问题的责任者索赔。

工程损失险的开始时间为工程验收后的第一年结束时，这时接手进行保险的工程为扫尾工作业已全面结束的工程；保险的结束时间为 10 年保修期结束之时。

工程损失险不仅为发包人提供了保险，也为后来的业主在 10 年保修期内提供了保险。

该险具有强制的性质，如不购买将被处罚，除非是自然人为自己、配偶或为自己的和配偶的老人、子女修房子，但在 10 年保险期内转售房子时可能会有困难。

下面是工程损失险的法语简介：

L'assurance dommage ouvrage

L'assurance dommage ouvrage est une assurance obligatoire pour les constructions neuves, instituée par la loi n°78-12 du 4 janvier 1978.

Elle doit être souscrite avant le début des travaux effectués par une entreprise. Elle a pour objet de garantir le remboursement ou la réparation des désordres relevant de la garantie décennale sans attendre les décisions de justice. La compagnie fournissant cette garantie doit faire effectuer les travaux nécessaires déterminés par une expertise unique. A charge pour elle de se retourner ensuite contre le ou les responsables des désordres constatés.

Le point de départ de la garantie débute au terme de la première année suivant la réception des travaux, elle prend ainsi la suite de la garantie de parfait achèvement et prend fin au terme de la garantie décennale.

Elle garantit le propriétaire ayant fait faire les travaux, mais aussi les propriétaires suivant dans la limite de la durée de la garantie décennale.

Cette assurance à un caractère d'obligation, sa non-souscription est donc passible de sanction, exception faite des personnes physiques construisant un logement pour elles-mêmes ou pour le conjoint, ses ascendants ou descendants ou ceux de son conjoint, et peut entraîner des difficultés en cas de revente du bien concerné pendant la durée de la garantie décennale.

## 5.15.2 保险常用术语

| 保险公司 | la compagnie d'assurance |
|---|---|
| 被保险人 | l'assuré |
| 承保人 | l'assureur |
| 经纪 | le courtage |
| 经纪人 | le courtier |
| 保险推销员 | l'agent d'assurance |
| 默认续期 | la tacite reconduction |
| 满期 | l'échéance |

| 自然人 | la personne physique |
|---|---|
| 法人 | la personne morale |
| 豁免（免赔） | la franchise |
| （灾难引起的）损失 | le sinistre |
| 刑法 | le code pénal |
| 民法 | le code civil |
| 违法 | l'infraction |
| 公司负责人 | un dirigeant social |
| 精算师 | l'actuaire *m.* |
| 保险金（保费） | la prime d'assurance |
| 保额 | le montant de garanties |
| 人寿险 | l'assurance vie |
| 财险 | l'assurance biens |
| 意外险 | l'assurance accident |
| 基本医疗保险 | l'assurance maladie obligatoire |
| 补充医疗保险 | l'assurance maladie complémentaire |
| 死亡险 | l'assurance décès |
| 第三者险 | L'assurance au tiers |

### 5.15.3 保险合同的常见条款

保险合同往往是格式化合同，一般三个部分构成：释义（Les définitions）、一般条款（les conditions générales）和特别条款（les conditions particulières）。

5.15.3.1 释义（Les définitions）是对合同中出现术语进行限定，确定它的内涵与外延，以免合同签订方发生在理解和解释上的差异，产生理赔纠纷。例如：

**原文：**

*1) SOUSCRIPTEUR*

*ChamberSign France*

*2) ASSURE*

*La et/ou les personne(s) désignée(s) aux Conditions Particulières, tant pour son (leur) compte que pour le compte de toute personne morale ayant la qualité d'abonné, de client, ou d'utilisateur.*

*3) ASSUREUR*

*AXA COURTAGE*

**译文：**

1) 投保人

法国 ChamberSign 公司

2) 被保险人

《特别条款》中所确定的、具有订户、客户或使用者身份的人，无论其以本人的名义，还是法人的名义。

3) 承保人

安盛保险代理公司

又如：

**原文：**

*5) ANNEE D'ASSURANCE*

*A la souscription du contrat : période entre la date de la prise d'effet du contrat et celle de la première échéance annuelle.*

*En cours de contrat : période entre la date de deux échéances annuelles consécutives.*

*A la cessation du contrat : période entre la date de la dernière échéance annuelle et celle de la résiliation du contrat.*

**译文：**

5) 保险年度

合同签定年度： 指合同生效之日到第一个年度到期之日的期间。

合同期间：指两个连续年度到期日之间的期间。

合同停止年度：指上一个年度到期日与合同取消之日的期间。

5.15.3.2 一般条款（les conditions générales）

一般条款是指针对任何客户都适用的条款，例如：

**原文：**

*FRAIS ET PERTES DIVERS*

*Sont garantis au titre du présent contrat le remboursement des pertes financières directes et/ou indirectes subies par l'assuré suite à un sinistre garanti, ainsi que les frais de reconstitution des données informatiques de l'assuré, frais d'intervention, frais de décontamination et autres frais justifiés par l'assuré et acceptés comme tels par l'assureur, dans les limites des sommes indiquées à l'article 6 " Montant de garanties ".*

**译文：**

17) 其它费用和损失

被保险人遭受的、由于投保范围内的灾难发生所引起的直接或间接的财物损失的赔偿，以及被保险人信息数据恢复的费用、维修费用、杀毒费用和经被保险人证明的其他费用，只要在第六条《保险金额》中规定的数额范围内的，均属本合同的保险范围

又如：

**原文：**

*ARTICLE 6 - MONTANT DE GARANTIES*

*En cas de dommages matériels (paragraphe 1.12) :*

*Remplacement du certificat perdu, volé ou détruit : 80 Euros par certificat.*

*En cas d'utilisation frauduleuse (1.10 et 1.11) :*

*Remboursement des pertes financières en cas de d'utilisation malveillante ou frauduleuse du certificat, remboursement de frais et pertes divers tels que définis au paragraphe 1.17 :3 000 Euros par certificat et par année d'assurance*

*Engagement maximum des assureurs pour l'ensemble*

**译文：**

第 6 条 – 保额

如是实物损失（第 1.12 节）：

更换遗失、被盗或损毁的证书：每证 80 欧元。

如是冒用（第 1.10 和 1.11 节）：

赔偿恶意使用或冒用证书造成的金钱损失；

赔偿第 1.17 节规定的费用和各种损失：每证每个保险年度 3000 欧元。

以上为承保人对全部受损的最高赔付。

5.15.3.3 特别条款（les conditions particulières）是指针对某个具体客户的专门条款。如：

**原文：**

*4 - GARANTIES SOUSCRITES*

*Dommage matériel du certificat, fraudes et détournements du certificat ainsi que frais divers et pertes directes.*

*De sorte que la période de validité du contrat s'entend de la période située entre la date d'effet et la date de suspension, de résiliation ou d'expiration du contrat.*

**译文：**

4 – 保险内容

证书的实物损失，冒用和挪用证书以及其它费用和直接损失。

所以，合同有效周期应理解为从生效之日到合同中止、取消或到期之日的期间。

又如：

**原文：**

*6.3 Obligation de l'Assuré*

*Il est convenu que Chambersign s'engage à déclarer tous les mois la liste des sociétés bénéficiant du certificat et de la présente assurance (cette liste devra indiquer le nom et l'adresse de chaque société).*

**译文：**

6.3 被保险人的义务

Chambersign 承诺每月申报使用证书和享受保险的公司名单（该名单应注明每个公司的名称和地址）。

# 5.16 电气文件的翻译

电是现代生活的基础，工农业生产、基础设施建设和人们生活都离不开电，所以涉及电的文章翻译也属于工程技术法语翻译的基础能力。要做好供电和用电方面的翻译同样需要了解输供电方面的基础背景知识和基本概念，掌握常用术语。

## 5.16.1 电气与电器

关于电气和电器的界定，不同的行业有不同的说法，导致人们在认识上对两者产生混淆，在工程技术法语中二者却有明确的区分。有关供配电（électricité）的称为电气，如变电站、差动保护、开关箱、中线等。而耗电的称为电器（appareil électrique），如灯泡、电扇、电炉具等。

## 5.16.2 电气基本概念

**导线截面积**（section des conducteurs）：指使用导线的粗细，不同的用途，会采用不同截面积的导线或电线。

**线路保护规格**（calibres des protections）：指用于保护线路避免漏电伤人等所采用的线路保护设施的规格大小。主要指断路器（disjoncteur 空气开关）和熔断丝 (fusible) 的大小。

**计费线路**（circuit d'asservissement tarifaire）：指专门用于分峰谷时段用电记录的线路。

**中线**（fil pilote）：中线：就是将用电设备的金属外壳与电源（发电

机和变压器）的接地线做金属连接起来的那条线，它要求供电给用电设备的线路中的熔断器或空气开关，在用电设备一相碰壳时，能够以最短的时间断开电路，从而保护设备和人身安全。

**灯具接线装置**（Dispositif de Connexion pour Luminaire<DCL>）：指固定在天花板上，专门用于安装灯具的基础座子，要求能承受一定重量。

**浴室区间划分**（volume 0 - 1 et 2 de la salle de bains）：由于有水或水汽，故在浴室对不同的区域有不同的电器安装要求。通常分为四个区间，零区间严禁任何电器；一区间只允许低压照明或开关；二区间允许防水的电热水器和照明等二类电器；三区间允许一类电器。参见：VOLUME 0 : la baignoire ou la douche-- Tout appareil électrique (sèche-cheveux, rasoir, téléphone portable, etc.) est interdit. VOLUME 1 : au-dessus de la baignoire et du bac à douche jusqu'à 2,25 m-- Ne sont autorisés que les appareils d'éclairage ou les interrupteurs alimentés en Très Basse Tension de Sécurité 12 V (TBTS 12 V). Pour ces appareils électriques, on veillera à ce qu'ils portent la marque NF et soient protégés contre les projections d'eau. VOLUME 2 : au-dessus de la baignoire et du bac à douche jusqu'à 3 m de haut et 60 cm autour-- Tous les matériels tels qu'appareils de chauffage électrique ou appareils d'éclairage doivent être de classe II, porter la marque NF et être protégés contre la pluie (seules sont admises les prises "rasoirs" équipées d'un transformateur de séparation). VOLUME 3 : au-delà de 60 cm --Sont admis les appareillages électriques et les matériels électriques de classe I, les prises de courant de type 2P + T et les boîtes de connexion. Ils doivent porter la marque NF et être protégés contre les chutes verticales de gouttes d'eau (ou IPX 1).

**电暖节能器**（gestionnaire d'énergie）：指根据人员活动规律，在不同时段控制不同房间温度的装置。

**30毫安差压保护**（Protection différentielle 30 mA）：在正常设施中，

电流从一端到达导线，应从另一端流出。在单相设施中，如果在电路起始处的火线上的电流与零线的不同，那就是有漏电的存在。不同的空气开关对不同的电流强度差产生反应，这种电流强度差被称为"空气开关的灵敏度"。而室内终端线路规定的是 30mA。

**插孔轴线**（axe des alvéoles）：指以插座两孔为原点连成的虚拟直线。

**完工地面**（sol fini）：指的已铺设好地板或地毯的地面高度，主要用于计算电器安装的离地高度。

**封闭式插座**（socle du type à obturation）：单个插头插片无法插入的插座，需要两孔同时插入。可防止儿童触电。

**脉冲遥控开关**（télérupteur）：可在多点开关同一电源的开关。

**线路集成盒** (Gaine Technique Logement<GTL>)：各种进入住宅的线路通过集成盒中的分电盘或接线端子接入各房间的各种用途,包括电线、电视电话线、光纤等。

**远程控制插座**（prise de courant commandée）：在离插座有一定距离的地点，可对电源进行开关的插座。如，在床头控制电视的插座电源。

**分线**（sectionnement）：在正常线路上接出一根线用于连接保护装置的操作称为分线。

### 5.16.3 电气常用术语

| l'alvéole *n.m.* | 插孔 |
|---|---|
| ampères (A) | 安培 |
| l'asservissement *m.* | 伺服；随动装置 |
| brancher | 插（插头） |
| la borne | 端子，接线柱 |
| le calibre | 规格大小 |

| le cheminement | 走线，铺线 |
|---|---|
| la chutes de tension | 电压下降 |
| le compteur électrique | 电表 |
| le condensateur | 电容器 |
| le conducteur | 导线 |
| le conduit | 管，导管，穿线管 |
| le contacteur | 接触器 |
| le convertisseur | 变流机 |
| le courant continu | 直流电 |
| le courant alternatif | 交流电 |
| le disjoncteur | 空气开关 |
| une électrocution | 触电 |
| l'encastrement *n.m.* | 埋暗线 |
| le fil électrique | 电线 |
| le fil pilote | 中线 |
| le fusible | 熔断丝 |
| la gaine | 穿线盒；套管 |
| le gestionnaire d'énergie | 电暖节能器 |
| la goulotte | 线槽 |
| hertz (Hz) | 赫兹 |
| le hublot | 插口（如电话线插口） |
| l'immunité *f.* | 抗扰性 |
| les installations électriques | 电气设施 |
| l'intensité du courant | 电流强度 |
| l'interrupteur général | 总开关 |
| la mise à la terre | 接地线 |
| monophasé | 单相的 |
| le neutre | 零线 |
| nominal *adj.* | 额定的 |
| Ohms (Ω) | 欧姆 |
| l'onduleur *n.m.* | 逆变器(直流变交流) |
| la phase | 火线 |

| le pictogramme | 电路示意符号 |
|---|---|
| la prise | 插座 |
| la prise commandée | 远程控制插座 |
| la protection différentielle | 差动保护 |
| le redresseur | 整流器 |
| le réseau électrique | 电网 |
| la résistance électrique | 电阻 |
| la saillie[saji] | 铺明线 |
| le socle | 座子，插座 |
| la section | 截面（积） |
| le sectionnement | 分线 |
| le sol fini | 完工地面 |
| sous tension | 带电的 |
| le tableau divisionnaire | 分电盘 |
| le télérupteur | 远程脉冲开关 |
| la tension | 电压 |
| le transformateur | 变压器 |
| triphasé | 三相的 |
| unifilaire *adj.* | 单线的 |
| un va-et-vient | 双路开关 |

## 5.16.4　电气文件翻译举例

**原文：**

*L'interrupteur différentiel 40 A de type A doit protéger notamment le circuit spécialisé cuisinière ou plaque de cuisson et le circuit spécialisé lave-linge. En effet ces matériels d'utilisation, en fonction de la technologie utilisée, peuvent en cas de défaut produire des courants comportant des composantes continues. Dans ce cas les dispositifs différentiels de type A conçus pour détecter ces courants assurent la protection.*

**译文：**

A 型 40A 差动保护开关应该主要保护炉具或灶台专用线路，以及洗衣机专用线路。事实上，根据所采用的工艺不同，这些电器设备在出现问题时，可能产生包含直流成分的电流。在这种情况下，专门设计用来探测这种电流的 A 型差动保护装置就可以起到保护作用。

**原文：**

*Lorsque l'emplacement du congélateur est défini, il convient de prévoir 1 circuit spécialisé avec 1 dispositif différentiel 30 mA spécifique à ce circuit, de préférence à immunité renforcée (possibilité d'alimentation par transformateur de séparation).*

**译文：**

在冰箱的位置确定后，须预留一条专用线路，该线路带有专门的 30mA 差动保护装置，而且最好是强化型免干扰的差动保护装置（可以采用单独变压器电源）。

## 5.17 仪器仪表文件的翻译

仪器仪表作为测量和控制的部件或工具，所有工程技术项目都不可缺少，相关文件翻译是工程技术法语翻译的基础能力之一。作为自动化控制的组成部分之一，其所涉及的专业技术强，相关翻译难点多，需要特别进行训练和准备。

仪器仪表可分为测量仪器仪表 (instrument de mesure) 和控制仪器仪表 (instrument de contrôle)。前者主要用于测量各种量值，后者主要是生产环节控制各项指标：流量控制、温度控制等。

### 5.17.1 传感器 (le capteur)

传感器是现代仪器仪表不可或缺的基础部件，它能将一个物理量转变为一个可以使用或操作的量值。如热电偶，它能将温度变成电脉冲。下面是传感器的一些分类，可有助于仪器仪表翻译的参考。

### 5.17.1.1 按动力提供分类（Apport énergétique）

可分为被动传感器（Capteurs passifs）和主动传感器（Capteurs actifs）。

被动传感器不需要外部提供动力就能运转，比如：热敏电阻（thermistance）、电位计（potentiomètre,）、水银温度计（thermomètre à mercure）……。这些都是可以通过阻抗建模的传感器。被测的物理现象的变化可以导致阻抗的变化。

主动传感器由一个配有电源的变送器（transducteur）总成构成，比如机械计时器（chronomètre mécanique）、应力测量仪（jauge de contrainte）、陀螺测速仪（gyromètre）……。这些传感器可以通过诸如光电系统（photovoltaïque）和电磁系统（système électromagnétique）这样的发生器（générateur）建模（modéliser）。所以它们根据被测物理现象的强度要么产生一个电流，要么一个电压。

### 5.17.1.2 按输出方式分类（Type de sortie）

可分为模拟传感器（Capteurs analogiques）和数字传感器（Capteurs numériques）。

模拟信号可以是电压输出（sortie tension）、电流输出（sortie courant）、刻度尺（règle graduée）等，如：应力传感器（capteur à jauge de contrainte）、线性位移传感器（LVDT）等。

数字传感器的信号种类可以是脉冲波列（train d'impulsions），二进位数字编码（code numérique binaire）、汇流条（bus de terrain）……，如增量传感器（les capteurs incrémentaux）、绝对编码器（les codeurs absolus）等，均为数字传感器。

### 5.17.1.3 智能传感器（Capteurs intelligents）

智能传感器除了能测量一个物理量，它还拥有其它的功能，如加装信号处理的功能（fonctions configurables de traitement du signal）、自测和自检的功能（fonctions d'auto-test et d'autocontrôle）、自动校验（étalonnage automatique）、可输出到汇流条（sortie sur des bus de terrain）、能量调节（variation de capacité）、感应调节（variation d'inductance）、电阻调节（variation de résistance）、霍尔效应（effet Hall）、膨胀(dilatation)、压电(piézo-électricité)、多普勒效应(effet Doppler)、振弦原理(principe de la corde vibrante)等功能。

### 5.17.1.4 按用途方式分类（type de fonction)

| |
| --- |
| 距离传感器（感应，电容，光学，超声波，微波的）<br>Capteur de distance (inductif, capacitif, optique, Ultrason, micro-onde) |
| 光线传感器（光电二极管或光电晶体管、影像传感器、光电元件的）<br>Capteur de lumière (photodiode ou phototransistor, photographique, cellule photoélectrique) |
| 声音传感器（话筒、乐器麦克风、水下传声器的）<br>Capteur de son (microphone, micro pour instruments, hydrophone) |
| 温度传感器（高温温度计、PT100 探头温度计、热电偶、热敏电阻的）<br>Capteur de température (pyromètre, thermomètre à sonde PT100, thermocouple, thermistance) |
| 压力传感器（波登管、无液气压表胶囊、压电、振弦式、气压表＜晴雨表＞的）<br>Capteur de pression (tube de Bourdon, capsule anéroïde, piézo-électrique, corde vibrante, baromètre) |
| 流量传感器（涡轮流量计、椭圆齿轮、孔板、皮托管、旋涡流量计、电磁流量计、文丘里管流量计、超声波流量计、离子流量计、质量流量计的）<br>Capteur de débit (débitmètre à turbine, roues ovales, plaque à orifice, tube de Pitot, débitmètre à effet vortex, débitmètre électromagnétique, débitmètre à tube de Venturi, débitmètre à ultrasons, débitmètre ionique, débitmètre massique) |
| 电流传感器（霍尔效应电流传感器、分流器）<br>Capteur de courant (Capteur de courant à effet Hall, Shunt) |

| 液位传感器（差压、电容、扭力管、浮球、伽马射线、超声波、雷达的）<br>Capteur de niveau (à pression différentielle, à sonde capacitive, à tube de torsion, à flotteur, à rayon gamma, à ultrason, par radar) |
| --- |
| 位移传感器（鼠标、接近传感器、编码器、运动探测器、线性位移传感器和旋转位移传感器、振弦、位置传感器）<br>Capteur de déplacements (Souris, capteur de proximité, codeur, détecteur de mouvements, LVDTs et RVDTs, corde vibrante, capteur de position) |
| 应力传感器（振弦、压电、应力测定、磁性端头的）<br>Capteur de contrainte (corde vibrante, piézo-électrique, jauge de contrainte, plot magnétique) |
| 惯性传感器（加速测定仪、斜度仪、测速仪、陀螺仪的）<br>Capteur inertiel (accéléromètre, inclinomètre, gyromètre, gyroscope) |
| 测速传感器<br>Capteur de vitesse |

## 5.17.2　仪器仪表的主要技术指标项目

仪器仪表的性能指标主要用于判断仪器仪表的好坏，质量高低。主要的指标有：

**测量的物理量** (la grandeur physique observée)：指测量的对象，如：温度、方位、海拔等。

**测量范围** (l'étendue de mesure)：指可测量的物理量的范围，超出范围可能测不准或测不出。

**灵敏度** (la sensibilité)：指对仪表输入相同物理变化量的情况下，输出的变化值越高灵明度就越高，反之亦然。

**精确度** (la précision)：指测量结果与被测量值的一致性，误差越小，精确度越高。

**线性度** (la linéarité)：指仪器测量准确度的比例。比例越高，线性度越好。

**通频带** (la bande passante)：指对不同频率信号的放大能力，一般只适合放大某一特定频率的信号。

**适用温度范围** (la plage de température de fonctionnement)：指仪表

可以正常工作的温度要求范围。

**热漂移** (la dérive thermique)：指仪表仪器使用环境对其精度的影响。

**分辨率** (la résolution)：仪表输出能响应和分辨的最小输入量。

**响应延迟** (le hystérésis)：指测量仪表输出值的改变可能迟于实际的参数变化。

### 5.17.3 主要的仪器仪表名称及用途

#### 5.17.3.1 温度仪表 la mesure de température

| 玻璃温度计 | le thermomètre en verre |
|---|---|
| 双金属温度计 | le thermomètre Bimétal |
| 压力式温度计 | le thermomètre à gaz |
| 热电偶 | le thermocouple |
| 热电阻 | la thermistance |
| 非接触式温度计 | le thermomètre sans contact |
| 温度控制（调节）器 | le contrôleur(régulateur) de température |
| 温度变送器 | le transducteur de température |
| 高温计 | le pyromètre |

#### 5.17.3.2 压力仪表 la mesure de pression

| 压力计 | la jauge de pression |
|---|---|
| 压力表 | le manomètre |
| 差压变送器 | le transducteur de pression différentielle |
| 减压器 | le manodétendeur |
| 胎压计 | le manomètre pression pneus |

#### 5.17.3.3 流量仪表 la mesure de débit

| 流量计 | le débitmètre |
|---|---|
| 质量流量计 | le débitmètre massique |
| 水表 | le compteur d'eau |
| 煤气表 | le compteur de gaz |
| 液位计 | le niveau |

| 油表 | la jauge carburant |
|---|---|
| 水位计 | le niveau d'eau |
| 液位控制器 | le limiteur de niveau |
| 漩涡流量计 | le débitmètre à effet vortex |

### 5.17.3.4 电工仪器仪表 la mesure électrique

| 电流表 | l'ampèremètre |
|---|---|
| 电压表 | le voltmètre |
| 电功率 | le wattmètre |
| 电频率表 | le fréquencemètre |
| 测电笔 | le tournevis testeur |
| 兆欧表 | le mégohmmètre |
| 钳形表 | la pince ampérométrique |
| 万用表 | le multimètre |
| 电位计 | le potentiomètre |

### 5.17.3.5 电子测量仪器 la mesure électronique

| RLC 测量仪 | le RLC mètre |
|---|---|
| 物位仪 | l'instrument de niveau |
| 粘度计 | le viscosimètre |
| 示波器 | l'oscilloscope |
| 信号发生器 | le générateur de signaux |
| 陀螺测速仪 | le gyromètre |

### 5.17.3.6 分析仪器 la mesure d'analyse

| 色谱仪 | le chromatographe |
|---|---|
| 光度计（表面） | le rugosimètre |
| 水分测定仪 | l'Humidimètre |
| 天平 | la balance |
| 热学式分析仪器 | l'instrument d'analyse thermique |
| 射线式分析仪器 | l'instrument d'analyse à rayons X |
| 波谱仪 | le spectromètre |

| 频谱分析仪 | l'analyseur de spectre |
|---|---|

### 5.17.3.7 光学仪器 la mesure optique

| 光度计 | le photomètre |
|---|---|
| 折射仪 | le réfractomètre |
| 滤光片，滤色片 | le filtre optique |
| 棱镜，透镜 | le prisme |
| 分光仪 | le spectromètre |
| 色差计 | le colorimètre |
| 显微镜 | le microscope |
| 望远镜 | le télescope |
| 放大镜 | la loupe |
| 经纬仪 | le théodolite |
| 水准仪 | l'instrument de nivellement |
| 光谱仪 | le spectromètre |

### 5.17.3.8 工业自动化仪表 l'instrument d'automatisation industrielle

| 控制系统 | le système de commande |
|---|---|
| 调节阀 | la soupape de régulation |
| 调节仪器 | l'instrument de régulation |
| 多功能仪器 | les instruments multifonctions |
| 加热设备 | l'équipement de chauffage |
| 绕线机 | la bobineuse |
| 智能仪表 | l'instrument intelligent |
| 安全栅 | l'isolateur de signaux |
| 变频器 | le variateur de fréquence |
| 模块 | la module |
| 无纸记录仪 | l'enregistreur sans papier |
| 探头 | la sonde |
| 放大器 | l'amplificateur électronique |

### 5.17.3.9 实验仪器 le matériel de laboratoire

| | |
|---|---|
| 天平仪器 | les balances de laboratoire |
| 恒温实验设备 | les appareils à température constante |
| 真空测量仪器 | les appareils de mesure sous vide |
| 热量计 | le calorimètre |
| 培养箱 | l'incubateur |
| 恒温箱 | l'enceinte climatique |
| 腐蚀试验箱 | l'appareil d'essai de tenue à la corrosion |
| 硬度计 | le duromètre |
| 干燥箱 | l'armoire de séchage (le dessiccateur) |
| 烘箱 | le four |
| 振荡器 | le secoueur |
| 搅拌器 | l'agitateur |
| 离心机 | la centrifugeuse |
| 水（油）浴锅 | le bain-marie |
| 恒温水箱 | le bain thermostaté |
| 计时器 | le chronomètre |

### 5.17.3.10 量具 l'outil de mesure

| | |
|---|---|
| 量规 | les jeux de cale(jauge) |
| 游标卡尺 | le pied à coulisse |
| 千分尺 | le micromètre |
| 卷尺 | le mètre à ruban |
| 百分表 | l'indicateur à cadran |

### 5.17.3.11 量仪 l'instrument de métrologie

| | |
|---|---|
| 圆度仪 | l'instrument de mesure de circularité |
| 三坐标测量机 | la machine à mesurer tridimensionnelle |
| 气动量仪 | l'instrument de mesure pneumatique |

### 5.17.3.12. 执行器 l'actionneur

| | |
|---|---|
| 电动执行机构 | l'actionneur électrique |
| 气动执行机构 | l'actionneur pneumatique |

### 5.17.3.13. 仪器专用电源 l'alimentation électrique destinée aux instruments

| 直流电源 | l'alimentation à courant continu |
|---|---|
| 稳压电源 | l'alimentation à courant stabilisé |
| 交流电源 | l'alimentation à courant alternatif |
| 开关电源 | l'alimentation à courant commutatif |
| 不间断电源 | l'alimentation sans coupure |
| 逆变电源 | l'onduleur |

### 5.17.3.14 显示仪表 l'instrument d'affichage

| 数字显示仪 | l'afficheur numérique |
|---|---|

### 5.17.3.15 供应用仪表 la mesure d'alimentation

| 计数器 | le compteur |
|---|---|
| 电度表 | le compteur électrique |
| 恒温器 | le thermostat |
| 恒压器 | le barostat |
| 计度器 | le registre |

### 5.17.3.16 通用实验仪器 le matériel d'analyse universel

| 电热板 | la plaque chauffante |
|---|---|
| 电热套 | le chauffe-ballon |
| 匀浆机 | l'homogénéiseur |
| 蒸馏器 | le distilleur |
| 分散器 | le disperseur |
| 捣碎器 | le broyeur |

### 5.17.3.17 机械量仪表 la mesure mécanique

| 测厚仪 | la jauge d'épaisseur |
|---|---|
| 高度计 | l'altimètre |

### 5.17.3.18 衡器 la mesure de pesage

| 定量秤 | la peseuse associative |
|---|---|
| 台秤 | la balance à bascule |
| 轨道衡 | le pont bascule rail |
| 计价秤 | la balance poids-prix |
| 电子衡 | la balance électronique |
| 地上衡 | la balance au sol |
| 皮带秤 | la balance à tapis roulant |
| 吊秤 | la balance suspendue |
| 配料秤 | la balance de dosage |

### 5.17.3.19 行业专业检测仪器 les instruments spécifiques de contrôle dans différents secteurs

| 风速风温风量仪 | le thermo-anémomètre |
|---|---|
| 温湿度仪 | le thermo-hygromètre |
| 粉尘测定仪 | l'appareil de mesure de la poussière |
| 噪音仪 | le décibelmètre |
| 水质分析检测仪器 | les instruments d'analyse de l'eau |
| 酸度计 / pH 计 | le pH mètre |
| 电导率仪 | le conductivimètre |
| 极谱仪 | le polarographe |
| 采样器 | l'échantillonneur |
| 气体分析仪器 | les instruments d'analyse de l'air |
| 照度计 | le luxmètre |
| 声级计 | le sonomètre |
| 尘埃粒子计数器 | le compteur de particules |
| 粮食油检测仪器 | les instruments d'analyse de céréale |
| 测汞仪 | Le porosimètre au mercure |

### 5.17.3.20 试验设备 le matériel d'expérimentation

| 拉力试验机 | la machine d'essai de traction |
|---|---|
| 压力试验机 | la machine d'essai de pression |
| 弯曲试验机 | la machine d'essai de flexion |
| 扭转试验机 | la machine d'essai de torsion |
| 冲击试验机 | la machine d'essai de choc |
| 万能试验机 | la machine d'essai universelle |
| 非金属材料试验机 | la machine d'essai des matériaux non métalliques |
| 疲劳试验机 | la machine d'essai de fatigue |
| 强度试验机 | la machine d'essai de résistance |

## 5.17.4 仪器仪表相关术语

| l'aiguille | 表针 |
|---|---|
| l'amplitude *n.f.* | 振幅 |
| analogique *adj.* | 模拟的 |
| la bande passante | 通频带 |
| binaire *adj.* | 二进位的 |
| le bus de terrain | 汇流条 |
| capacitif *adj.* | 电容的 |
| la capsule anéroïde | 无液气压表胶囊 |
| la cellule photoélectrique | 光电元件 |
| le codeur | 编码器 |
| configurable *adj.* | 可配置的 |
| la contrainte | 应力 |
| le convertisseur | 转换器 |
| la corde vibrante | 振动弦 |
| la déviation | 偏斜 |
| la dilatation | 膨胀 |
| le dispositif | 装置 |
| l'écran d'affichage | 显示屏 |
| effet Doppler | 多普勒效应 |

| effet Hall | 霍尔效应 |
|---|---|
| l'étalonnage *m.* | 校准 |
| l'extensométrie *f.* | 伸长测量法 |
| la fréquence | 频率 |
| le gain d'amplification | 放大（系、倍）数 |
| la grandeur | 量值 |
| le gyroscope | 陀螺测速仪 |
| l'hystérésis *f.* | 响应延迟 |
| l'impédance *n.f.* | 阻抗 |
| l'inclinomètre | 测斜仪 |
| incrémental *adj.* | 增量的 |
| l'inductance *f.* | 电感 |
| inertiel, le *a.* | 惯性的 |
| l'intensité *f.* | 强度 |
| l'interface *f.* | 界面 |
| l'hydrophone *m.* | 海洋检波器 |
| la linéarité | 线性度 |
| modélisable *adj.* | 可建立模型的 |
| le nombre d'impulsions | 脉冲数量 |
| l'ombroscopie *f.* | 阴影观察法 |
| la photodiode | 光电二极管 |
| le phototransistor | 光 [ 电、敏 ] 晶体管 |
| photovoltaïque *adj.* | 光电的 |
| la piézo-électricité | 压电 |
| la plaque à orifice | 孔板 |
| le plot | 电接点 |
| la polarisation | 极化 |
| la résolution | （图像）清晰度 |
| le shunt [ ʃ œt] | 分流器 |
| temps de vol-LIDAR | 激光飞行时间 |
| la thermistance | 热敏电阻 |
| le transducteur | 变流器 |

| le train | 波列 |
|---|---|
| la triangulation | 三角测量 |
| la tube de Bourdon | 波登管 |
| le tube de Pitot | （测流速）皮托管；空速管 |
| le tube de torsion | 扭管 |
| le tube de Venturi | 文丘里管 |

## 5.18 项目论证文件的翻译

要让一篇技术经济文件翻译的质量上乘，必须要明白这篇文章的目的，根据其目的，理清其逻辑关系，基本上就成功了一大半。在国际经济技术合作中，几乎所有的项目都需要论证，不仅要论证其效益，还要论证其技术。所以了解每份项目论证文件的目的，理清其中各个支项的逻辑关系是决定翻译成败的关键。

项目论证 (justification du projet) 文件必然离不开两大主题：必要性 (la nécessité) 和可行性 (la faisabilité)。谈论必要性，就是要说明为什么要搞这个项目？其经济和社会效益是什么？能解决什么问题？而可行性就是谈具备什么条件？资金来源？技术上的保证？抓住了项目的必要性和可行性这两条主线，就基本能够理清逻辑关系，保证文件翻译的准确性。

项目论证文件一般由以下几个部分构成：

1. 必要性

2. 可行性

3. 项目内容

4. 经济分析

其中第三项会因项目的不同而不同，而且本书很多章节已经涉及，这里不予描述。以下分别举例展示其余三个部分的翻译及其难点：

### 5.18.1 必要性内容的翻译举例

**原文：**

*L'accroissement extrêmement rapide de la population, qui est passée de 500.000 habitants en 1967, à près de 2,4 millions en 2003, a entraîné une forte occupation de l'espace dans la presqu'île du Cap-Vert avec la création de nouveaux quartiers.*

**译文：**

人口高速增长：从 1967 年的 50 万人到 2003 年的差不多 240 万人。伴随着新街区的产生，佛得角半岛的大量空间被占用。

**原文：**

*Cependant, ces aménagements urbains ne se sont pas accompagnés d'une décentralisation conséquente des activités économiques et sociales et ont contribué à créer l'éloignement progressif des zones d'habitat par rapport aux zones de travail, provoquant un accroissement important de la demande de transport.*

**译文：**

然而，这样的城市规划布局并没有随之出现经济社会活动的分散，反而致使居住地与工作地的逐渐远离，导致了交通需求的大幅度增长。

**原文：**

*A travers la réalisation de ce projet, l'objectif visé par le gouvernement, est de restaurer au niveau du transport les conditions nécessaires à la consolidation de la croissance et de favoriser l'émergence de nouvelles zones d'investissement et de développement économique sur l'axe Dakar – Thiès (horticulture, textile, confection, nouvelles technologies, etc.).*

**译文：**

通过这个项目的建设，政府瞄准的目标是在交通方面创造必要的条件，以巩固增长的势头，并催生在达喀尔——帖斯轴线上新的投资和经济发展带（园艺、纺织、服装加工、新技术等等）。

**原文：**

*La réalisation de cette autoroute s'impose aujourd'hui, compte tenu de l'encombrement de la circulation, désormais permanent et qui frise la paralysie aux heures de pointe. La dernière campagne de comptage menée en novembre 2001 sur l'autoroute actuelle a évalué le nombre de véhicules à 70 000 véhicules / jour dans les deux sens entre Dakar et la proche banlieue.*

**译文：**

今天，因为交通的拥挤，而且是持久的拥挤，甚至于高峰时段接近于瘫痪的状况，所以必须建设这条高速公路。据 2001 年 11 月份进行的最新一次统计，现在达喀尔与郊区之间的高速公路路段上车流量为双向 70000 辆 / 天。

**原文：**

*Les principaux objectifs spécifiques visés sont :*

* *assurer un déplacement rapide des biens et des personnes pour sortir et entrer dans Dakar et améliorer la mobilité urbaine dans l'agglomération dakaroise ;*

* *permettre une connexion entre le nouvel aéroport de Ndiass, le centre de Dakar et la future Cité des Affaires prévue sur le site de l'aéroport actuel ;*

* *favoriser une politique de développement urbain à l'extérieur des zones saturées de la presqu'île du Cap-Vert.*

**译文：**

主要目标具体是：

* 保证人员和财物在达喀尔的快速进出，并改善达喀尔片区的城市

交通；

- 可以连通恩迪亚斯新机场、达喀尔市中心以及未来在现有机场位置上建成的商贸城；
- 有利于让饱和的佛得角半岛向外发展的城市规划政策

以上内容每一条都在回答一个问题：为什么要建这条高速公路。所以在语气和行文风格上都是很肯定的。当然译文也必须透出这种判断的肯定语气。

### 5.18.2 可行性内容的翻译举例

**原文：**

*Déjà en 1978, les autorités avaient envisagé la réalisation d'une autoroute entre Dakar et Diamniadio, dont les études d'exécution détaillées avaient été élaborées, et les appels d'offre prêts à être lancés.*

**译文：**

早在 1978 年，政府就曾计划修建一条从达喀尔到迪昂尼亚迪奥的高速公路，而且已做好详细的实施方案，已经准备好招标了。

**原文：**

*Par ailleurs dans le cadre des nouvelles priorités définies par les hautes autorités de l'Etat concernant la problématique de la mobilité urbaine dans la région de Dakar, le gouvernement du Sénégal envisage de rétablir à court terme, un bon niveau de service sur le tronçon d'autoroute compris entre Malick Sy et Pikine.*

**译文：**

此外，为了优先解决国家确定的有关达喀尔地区的城市交通问题，政府已计划在短期内恢复从马利克西到皮基那高速路段的通行能力。

**原文：**

*La réalisation de ce tronçon d'un montant de 50 milliards de F*

*CFA constitue la première étape dans la mise en œuvre de la future autoroute Dakar – Diamniadio.*

**译文：**

建设这段金额达 500 亿西非法郎的路段是未来达喀尔——迪昂尼亚迪奥高速公路建设中的第一阶段。

**原文：**

*Cet investissement constitue une participation importante de l'Etat dans la mise en œuvre de l'autoroute Dakar – Diamniadio et contribue de manière significative à le rendre plus attractif dans le cadre d'un Partenariat Public Privé.*

**译文：**

在达喀尔——迪昂尼亚迪奥高速公路建设中，政府将投入大笔资金，这种举措将大大提高公私合作的积极性。

**原文：**

*Un nombre important d'actions a été réalisé pour ce qui concerne le projet d'autoroute à péage dans sa globalité :*

- *Analyse des études déjà réalisées en 1978 ;*
- *reconnaissance du tracé de 1978 ;*
- *Sécurisation juridique de l'emprise foncière ;*
- *Réalisation d'une étude de comptage de trafic sur l'axe Dakar – Thiès (2002) ;*
- *Réalisation et mise à jour de l'étude de trafic, de recettes et d'acceptabilité sociale au péage (2003 et 2005) ;*
- *Réalisation d'une étude complète (2004) :*

  o  *de tracé et des coûts de construction ;*

  o  *des effets sur la mobilité et des impacts sociaux et environnementaux ;*

o  *d'analyse de la faisabilité et de la rentabilité économique du projet d'autoroute à péage Dakar -Thiès ;*

- *Confection d'un modèle financier et sa mise à jour (2003 et 2005) ;*

- *Démarrage des opérations de maîtrise foncière (campagne de communication, délimitation physique de l'emprise, recensement des occupants et réseaux situés dans l'emprise, évaluation des dédommagements à payer aux populations) identification des sites de recasement.*

- *validation par les autorités des rapports des études techniques, économiques et financières (2005) ;*

- *validation du principe de financement public/privé du projet (2005) ;*

- *démarrage des travaux de la première phase Malick Sy – Pikine.*

**译文：**

有关收费高速公路项目的全部工作中，许多工作已经完成：

- 1978 年完成了方案分析；

- 1978 年完成线路勘测；

- 土地报批；

- 2002 年完成达喀尔——帖斯轴线的交通流量统计的研究报告；

- 2003 年和 2005 年完成并更新了流量、收益和社会认可情况的研究报告；

- 2004 年完成了如下完整的研究报告；

o  线路和造价；

o  对交通的影响和对社会与环境的影响；

o  达喀尔——帖斯收费高速公路项目的可行性分析和经济效益；

- 2003 年和 2005 年完成了财务建模并更新；

- 启动征地（宣传、实地划线、征地范围内的居民和管网清点，赔偿评估），安置点的落实。

- 2005 年政府批准了技术、经济和财务报告；

- 批准了项目的公 / 私投资原则；

- 启动了第一阶段马利克西——皮基那的工程。

以上文字主要是谈可行性，即具备的条件。在时间上都是已完成或经存在的，不是将来。译文也必须透出这种反映现实的语风。

### 5.18.3　经济分析内容翻译的难点

经济分析内容在项目论证文件中主要是预测项目建成后的盈亏情况，所以会牵涉管理会计学的一些术语，相关术语翻译是本部分的难点所在。

Le seuil de rentabilité（盈亏平衡点）：是指公司既不赚钱也不赔钱的销售水平，即收入恰好弥补了成本和费用时的水平。当销售量低于盈亏临界点的销售量时，将发生亏损；反之，当销售量高于盈亏临界点销售量时，则会获得利润。

**原文：**

*Selon un rapport publié en juillet, les prix, actuellement situés à 110 $ la tonne, devraient poursuivre leur recul pour atteindre 90 $ la tonne en 2025. Or, selon Mine Arnaud, **le seuil de rentabilité du projet** se situerait à environ 120 $.*

**译文：**

根据七月份发布的报告，价格目前在 110 美元 / 吨，还可能继续下滑，到 2025 年可能下滑到 90 美元 / 吨。然而，依照阿尔诺矿山的测算，**项目的盈亏平衡点**应该在 120 美元 / 吨。

这段话显然是想说明这个项目不能做，经济分析过不了关。

Coûts fixes（固定成本）是指在相关范围内，成本总额不随作业量的变动而变动的成本。单位产品的固定成本随作业量成反比变化。

**原文：**

*Afin de retrouver une compétitivité similaire à ses principaux concurrents, le fabricant de câbles électriques compte réduire de 100 millions d'euros ses **coûts fixes** d'ici fin 2017.*

**译文：**

为了获得与主要竞争对手相同的竞争力，这家电缆制造厂打算从现在开始到 2017 年将其**固定成本**削减一亿欧元。

固定成本顾名思义就是不变化的成本，无论产品数量的多少，均不会发生变化的那部分成本，如管理层的工资，厂房租金等。这里说的就是要将这种不随产品数量变化的成本也要削减，其结果是在产品数量不增加的情况下，总体成本也会降低，从而提高竞争力。

Coûts variables（变动成本）是指在相关的范围内，成本总额随作业量呈正比例变动的成本，其单位产品的变动成本保持不变。

Coûts d'opportunité（机会成本）是指因选取某个方案而丧失了选择其它方案可能获得的潜在利益。例如：

**原文：**

*La préoccupation des gestionnaires se concentre sur deux points essentiels : le problème des « éléphants blancs » d'une part et le problème des coûts d'opportunité d'autre part (ne vaudrait-il pas mieux investir ailleurs que dans la mine?)*

**译文：**

管理层的担忧主要集中于两点："赔本赚吆喝"的问题和机会成本的问题（有没有比开矿更好的投资领域？）

"更好的投资"项目就是指的投资本项目所失去的机会，而对于本项目来说，就是付出的成本。

Marge de sécurité（安全边际）是指盈亏临界点以上的销售量。安全边际可以用绝对数表示，也可以用相对数表示。比如：

**原文：**

*"Il s'agit d'éviter que les centrales nucléaires soient utilisées jusqu'à n'avoir plus aucune marge de sécurité"*

**译文：**

"目的是要避免核电站被使用到没有任何安全边际的地步。"

Marge de contribution（边际贡献，又称边际所得）：销售收入高出变动成本的部分。比如：

**原文：**

*La marge de contribution de cette autoroute comptera 1 milliard d'euros dans le futur.*

**译文：**

这条高速公路的边际贡献（利润）未来可达到十亿欧元。

Financement du projet（项目融资）：是指贷款人向特定的工程项目提供贷款协议融资，对于该项目所产生的现金流量享有偿债请求权，并以该项目资产作为附属担保的融资类型。

**原文：**

*Stratégie de financement du projet : Les principales études (technique, de tracé, de trafic et d'acceptabilité du péage, économique et financière) ont confirmé la faisabilité du Partenariat Public Privé (PPP) qui était l'approche déjà retenue par le Gouvernement.*

**译文：**

项目融资策略：主要的（技术、线路、交通流量、收费接受度、经济和财务）研究报告都肯定了公／私合作（PPP）的可行性，而且这种做法对政府而言已不是第一次。

Modèle financier（财务模型）：是数学模型的一种，就是为了某种目的，用字母、数字及其它数学符号建立起来的等式或不等式以及图表、图像、框图等描述财务状况及其内在联系的数学结构表达式。比如：

**原文：**

*Confection d'un modèle financier et sa mise à jour (2003 et 2005)*

**译文：**

于 2003 年和 2005 年完成了财务模型，并对其做了适时调整。

# 第六章
## 工程技术法语翻译的辅助工具

任何翻译都离不开一定的辅助工具，工程技术法语翻译亦是如此。我们日常翻译工作中使用得最多的传统辅助工具是纸质词典，但在当今信息爆炸的时代，由于纸质词典自身无法及时更新的局限性，翻译的辅助工具应该可以有多种选择，因此我们在工程技术法语翻译工作中会更多地使用电子词典和网络资源。

## 6.1 纸质工具书

传统的纸质词典为工程技术法语翻译提供了许多查询和参照的帮助，工程技术法语翻译发展到今天，纸质词典功不可没。纸质词典集聚了几代翻译专家的实战经验和心血，也为后来的电子词典和网络词典或网络专业词汇集奠定了良好的基础。没有纸质词典，就不可能有后来的电子词典或网络参考资源。

纸质词典由于载体的性质所决定，其容纳的信息有限。作为工程技术法语译员，不仅要知道专业术语怎么说，还应该知道其在各个具体行业中的不同说法，更要了解相关的背景知识来正确理解、处理和检验翻译的内容。纸质词典不能够像电子载体那样有巨大的存储量，无法穷尽上述相关内容。尤其是某些专业纸质词典，是一个单词对应几种外语的说法，或者一个外语单词对应几种汉语说法，没有详细的背景介绍和相关知识的支撑，更谈不上具有直观、形象的图片来支持，翻译时只能凭感觉选择自己认为最合适的来应用。工程技术法语的翻译也存在这个问题，因为目前有图片、有详细定义的法汉或汉法工程技术法语词典一本也没有。

当今科学技术日新月异，工程技术法语也随之快速发展变化，相关术语也在不断更新换代。纸质词典由于编写、编辑和印刷发行的周期限制，总有一些新的术语和技术语言不能及时收录。这会对与时俱进的翻译工作带来诸多困难，因此，我们应该通过其它途径来解决这个问题。

同样，纸质词典由于载体的原因，一旦其中出现错误，这些错误在再版之前都无法及时更改。而在我国，法语属于使用人数相对较少的外语，法语工具书发行量很小，鉴于经济的原因，其再版等待的时间周期都很长。由于这样的原因，我们在使用纸质词典时，需要特别注意其中的错误。如：maître d'œuvre，有的法汉词典对它的定义是"工头"，网络专业词汇集对它的定义是：Le maître d'œuvre est la personne physique ou morale qui a en charge la réalisation d'un ouvrage, principalement lors de chantiers dans le domaine de la construction. Le maître d'œuvre peut aussi bien être une entreprise à laquelle on a fait appel, qu'un professionnel ou une organisation. 根据这个定义，在工程技术法语中，maître d'œuvre 应该是"工程的监理兼设计单位"。

综上所述，用于工程技术法语翻译的纸质词典有它自己的特点，所以在利用纸质词典帮助工程技术法语翻译时，一定要了解纸质词典的优缺点，正确合理地使用。尤其是在电子词典和网络资源发达的今天，工程技术法语翻译的辅助工具应该可以有多种选择。

## 6.2 电子词典

中国的法语电子词典不多，仅有二三个品种。此外，所有的电子词典都没有自己的语料库，均为支付特许权使用费，采用的纸质词典的资源，也没有权利随便更改。所以，关于纸质词典的各种情况在电子词典身上也存在。只是载体不同，查询的具体方式不同。这些不是本书的探讨内容，因而对电子词典不再多加评论。我们应该多关注对工程技术法语翻译进步至关重要的"网络资源"。

## 6.3 网络资源

信息革命已经经历了三次，第一次革命是用电脑自动化处理数据，第二次革命是互联网，第三次革命就是正在风起云涌的大数据时代。工程技术法语也具有其社会性，社会的发展必将影响工程技术法语。在信息化的今天，工程技术法语翻译也应该与信息革命联系起来，充分利用信息化技术革命带来的便利。工程技术法语翻译可以从四个方面利用网络资源：在线词典（dictionnaire en ligne）、专业词汇集 (glossaire)、搜图功能(rechercher des images)和背景知识( connaissances concernées )。当然，在工程技术法语翻译过程中，网络资源不太可能解决语言结构和篇章体裁与风格的问题。鉴于本书第五章第5.8节已经介绍了通过网络查询背景知识重要性和方法，这里主要探讨在线词典、专业词汇集和搜图功能的作用。

### 6.3.1 在线词典

网络词典对翻译非常实用且方便，但其有不同的版本、不同的出版社、有不同的深度和不同的侧重点，应根据自己的专业需求，结合翻译内容的实际，上网搜寻和选取能满足翻译工作需要的在线词典。

在线词典的一般使用操作简单易懂，本书不再对其使用进行赘述，这里重点介绍一种利用在线词典解决工程技术法语翻译中确定术语准确性的小技巧。

在进行工程技术法语翻译时，有时在无法借助法汉或汉法词典确定术语翻译的情况下，可借助英语进行辅助翻译。英语是国际第一大经贸语言，世界各国研究和使用英语的人数众多，英汉汉英和法英英法的在线分专业词典也比较多，而且其准确度高。因此，在无法通过法汉、汉法词典找到相关术语或确定术语翻译的时候，我们可以借助"汉语—英语—法语"或者"法语—英语—汉语"的途径来实现术语的查询，我们称之为"借道英语法"。虽然这样操作起来很费事，都是迫不得已才采用，但确实是进行工程技术法语术语翻译时一种非常好用且实用的查询方法。而且工程技术法语翻译的校验方法（见第七章）也可以保证这种"长途跋涉、翻山越岭"方法的准确性。当然这不是基本的方法，只能在其它办法都不能解决问题的时候才是可选的办法。下面看两个例子。

开榫机——Tenoning machine ——tenonneuse

磨地机—— sander——ponceuse

### 6.3.2 专业词汇集

法语汉语都有许多专业词汇集，对中国人来讲，汉语专业词汇集比较熟悉，也容易查找，这里重点介绍法语的专业词汇集。下面是网络中搜到的一些专业词汇集。

**GLOSSAIRE ASTROLOGIQUE:** les signes...et d'autres définitions

**GLOSSAIRE d'HERALDIQUE:** glossaire, dictionnaire héraldique, évolution de 1679 à 1905, glossaire français-anglais de 500 mots avec dessin des écus

**GLOSSAIRE de BOTANIQUE:** et vocabulaire du site "Plantes Sauvages"

**GLOSSAIRE de CUISINE:** dictionnaire et glossaire des termes de cuisine, lexique culinaire de Supertoinette

**GLOSSAIRE de la MUSIQUE CLASSIQUE:** extrait de l'excellent site, l'Audiophile Mélomane

**GLOSSAIRE de TECHNOLOGIE AUTOMOBILE:** très complet et provenant de l'excellent site Auto-Innovations

**GLOSSAIRE de ZOOLOGIE:** un glossaire des termes de zoologie (280 mots et concepts) concernant les ravageurs

**GLOSSAIRE des ODONYMES FRANCAIS et DIALECTAUX:** un glossaire de mots servant à désigner des voies publiques

**GLOSSAIRE des PATOIS:** de la Suisse romande

**GLOSSAIRE des PLANTES:** proposé par le site Cuisine Sauvage

**GLOSSAIRE des TERMES TECHNIQUES du SPECTACLE:** un glossaire très complet

**GLOSSAIRE du JARDIN:** tous les termes utilisés dans le jardinage pour vous permettre de mieux vous y retrouver

**GLOSSAIRE du THEATRE:** une série de définitions sommaires qui ont pour but de faciliter la lecture des textes critiques

**GLOSSAIRE des MALADIES:** du site Onmeda

**GLOSSAIRE des MEDICAMENTS:** du site Onmeda

**GLOSSAIRE FINANCIER:** plus de 8000 entrées et 18000 liens en anglais

**GLOSSAIRE GEOGRAPHIQUE:** intéressant mais en anglais

**GLOSSAIRE ILLUSTRE:** calligraphie persane et arabe, ce glossaire traite de la calligraphie arabe en favorisant les notions utiles en calligraphie persane

**GLOSSAIRE INFORMATIQUE:** tous les termes utilisés en informatique

**GLOSSAIRE MEDICAL-(1):** du site Doctissimo

**GLOSSAIRE MEDICAL-(2):** glossaire multilangues (9 langues) des termes techniques et médicaux

**GLOSSAIRE pour le FABRICANT de SAVON:** un recueil de termes, de définitions et d'abréviations reliés à l'art de fabriquer le savon

**GLOSSAIRE QUEBECOIS:** recense des milliers d'expressions du "Joual", la langue populaire du Québec

**GLOSSAIRES et ANNUAIRES INFORMATIQUES:** glossaires anglais-français informatique, plus de 185000 termes classés par thèmes, hardware, réseau, programmation...

**GLOSSAIRES OFAJ:** élaborés par l'Office Franco-Allemand pour la Jeunesse, une série de titres disponibles à télécharger (Format Pdf)

　　法语专业词汇集涉及的行业非常多，有关工程技术的也很多。每个专业词汇集一般都有一个索引。专业词汇一般按字母顺序排列以便查询。专业词汇集一般都只涉及一个领域，如《建筑专业词汇集》（« Glossaire du bâtiment »）、《光学专业词汇集》（« Glossaire de l'optique »），所以专业词汇集是在该领域的背景下给出的定义。值得注意的是，往往同一个词的定义在专业词汇集中和普通词典中是有差异的。下面看两个例子：

### Non-conformité

普通词典的解释：

défaut d'adéquation à certaines normes. Ex.la non-conformité d'un produit（不符合某些标准。例如：某产品的不合格）

《建筑专业词汇集》的解释：

Une non-conformité est un non respect d'une partie du cahier des charges. Par exemple, dans le cas de travaux ou de réalisation de construction neuve, le maître d'ouvrage fournit un cahier des charges à l'entrepreneur. Si l'entrepreneur ne respect pas un point de ce cahier, ce point est considéré comme une non-conformité et le maître d'ouvrage est en droit d'émettre des réserves sur la réception du bien.（不合格是指没有遵守招标细则的某部分内容。比如：在新建建筑工程中，建设方要向承包方提供一个招标细则。如果承包方没有遵守细则中的某一点，这一点就被视为不合格，建设方有权在验收房屋时提出保留意见。）

**Ouvrant**

词典定义：

<Technique> partie mobile (d'une fenêtre, d'une porte) qui, en pivotant sur ses gonds, peut s'ouvrir ou se fermer les ouvrants et les dormants（<技术>（窗、门的）活动部分，通过铰链旋转可开闭（门、窗）扇和（门、窗）框。）

专业词汇集的定义：

L'ouvrant est le panneau mobile d'une fenêtre, d'un bloc-porte, d'une trappe qui s'articule dans un châssis fixe ou dormant, scellé à la maçonnerie ou fixé dans une cloison légère.（<门、窗>扇是指窗、套门、地窖门或天窗门的活动部分，其铰接在一个固定的<窗、门>框上，该固定框由砖瓦工程固定或安装在轻质隔墙上。）

依靠网络专业词汇集能够准确地区分法语词汇的细微差别。如，soupape, clapet, valve, vanne 四个词均可翻译成汉语的"阀门"，但其之间是有差别的。通过网络上专业词汇集我们可以找到如下的定义：

**soupape** : en général c'est maintenu fermé par un ressort ou autre système, et ne s'ouvre que par la pression d'un fluide pour en laisser passer l'excès (mouvement de translation dans le sens du débit)

**soupape**：通常通过弹簧或类似系统来保持关闭，只是在流体压力下才打开让多余的流体通过（顺流体的方向进行直线运动）。

如下左面的气缸工作原理示意图，相当于弹簧的机构——凸轮让阀门对气缸保持封闭，只有当凸轮机构让开时，阀门在气缸内燃烧气体的高压下，向上运动，留出缝隙，让多余的空气流出。右图是阀杆的实物图。

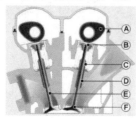 

**clapet** : en général une articulation (charnière) pour l'ouverture - ne sous-entend pas forcément une régulation précise du débit. (mouvement de rotation)

**clapet**：通常有铰链机构来控制开关，不一定能精确控制流量。（旋转运动）。

下面左图是采用铰链连接控制开闭。右图是用螺栓固定阀片，当气缸内气压大于外部气压时，气流将阀片向上顶，阀片一端固定，另一端呈圆周运动，留出缝隙让气体流过。

 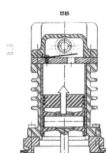

**vanne** : un appareil avec une partie mobile lui permettant d'ouvrir et de fermer une voie de passage afin de permettre, d'empêcher ou de réguler le flux d'un fluide.

**vanne**：带有活动部分的装置，可以打开或关闭一个通道，流通、阻断或调节流体的流量。

如下面的图，阀板通过转盘的旋转控制进行升或降，升高越多，留出的缝隙就越大，流量就越大。反之亦然，从而控制流量。

 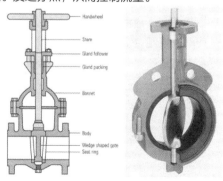

网络专业词汇集虽然很多，但也必须掌握好的技巧才能充分利用。如利用网络词典查询汉法词典查不到的词，就必须按如下方法进行：首先要在中文网站找到汉语的解释，知道那是什么东西，属于什么专业。然后进行联想，找出其中的某个词，在法语专业词汇集中搜寻，找到接近的词汇，然后再将其定义与中文的定义，进行比较，如吻合，就对了。最后采用网络搜图功能，对中法网站上的图片进行比较，就能得到验证( justification )。

### 6.3.3 搜图功能

网络的搜图功能对工程技术法语的翻译具有非常重要的作用，尤其是对法语术语、专业名称的理解非常有用。具体来说，搜图功能对工程技术法语翻译具有三项主要的帮助作用：准确理解与翻译、查询生僻词或新词、验证翻译结果。

6.3.3.1 能帮助对术语与技术语言的准确理解。译员对背景知识掌握的程度是有限的，有的术语或技术语言仅凭法语的文字解释和专业词汇集中的定义是难以理解和把握的。图片能给人直观、真实、形象的信息，可以帮助我们做到准确理解和正确的翻译。例如：

**原文：**

*Carreaux de faïence 200 mm x 200 mm sur 0,40 m de hauteur et sur la longueur de l'évier, y compris **retours**, type D460 des Etablissements DESVRES.*

*Localisation : dans les cuisines.*

*Carreaux de faïence 200 mm x 250 mm sur 2,00 m de hauteur **au droit des douches** et sur 1,00 m de hauteur au droit des baignoires, y compris retours, des Etablissements MARAZZI référence Nazioni avec un rang de **carreaux décoratif** de 200 mm x 250 mm des Etablissements MARAZZI référence Nazioni.*

依次对几个关键词在法语网站进行搜图：

Carreaux de faïence, retours, au droit des douches, carreaux

décoratif

**译文：**

贴 200 毫米 × 200 毫米的彩釉瓷砖（包括凸出角），高 0.4 米，长度视洗碗槽而定。采用 DESVRES 公司生产的 D460 型号。

地点：厨房。

贴 200 毫米 × 250 毫米的彩釉瓷砖（包括凸出角），高 2 米——与花洒呈水平直线，高 1 米——与浴缸呈水平直线。采用马拉奇公司生产的 Nazioni 型 200 毫米 × 250 毫米装潢方砖。

**原文：**

*pose droite*

搜图：

搜出下面图片，该墙体上部瓷砖为斜线铺设（pose en diagonale），下部为直线铺设。通过图片非常直观地了解到了瓷砖的铺设工艺。因而能够准确地译出。

**译文：**

直线铺设

**原文：**

*plinthes carrelées*

搜图：plinthes 没有问题好理解，carrelées 是"贴上去的"、"贴成方形的"或"画上方格的"？马上搜图，出现下面图片，结果是用与地板相同的瓷砖来铺设踢脚线。不同于传统的木质踢脚线。

**译文：**

瓷砖踢脚线

6.3.3.2 搜图功能还能帮助找出词典上查询不到的术语。汉法词典或是法汉词典的种类有限，不可能穷尽所有的词汇，而且社会科技经济发展迅速，随时都有新词汇产生，有编辑周期的纸质词典难于跟上，做到词汇的及时更新。而网络在信息传输上是最紧跟时代的，所以在词典上查不到的词，我们可以通过网络寻求答案。如果是法语词汇，我们可以直接在法语网站上搜寻图片，通过图片知道是什么设备。如果是知道汉语，不知道如何译成法语，可以通过法国相关行业的销售网站查找相关图片，按照图片旁的文字就是该商品名称的方法来确定法语译名。下面通过实际例子说明：

**原文：**

*airco*

搜图：显然是空气调节系统。

**译文：**

空调

**原文：**

螺纹钢

搜图：进入法语的钢材销售网站，能看到如下的图片：

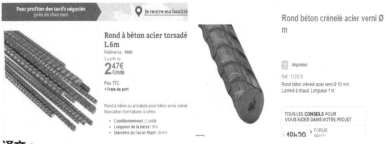

**译文：**

*le rond à béton torsadé* 或 *le rond à béton crénelé*

**原文：**

*face latérale en polycarbonate translucide*

搜图：polycarbonate 难以把握。搜：

**译文：**

侧面用半透明遮阳板

6.3.3.3 搜图功能还可以帮助验证翻译的准确性。在网上将翻译的结果输入搜图，按显示的图片就可以帮助判定翻译结果的准确性。具体方法见第七章《工法翻译的校验技巧》。下面仅举一个例子。

**原文：**

人字钢板。

**译文：**

*tôle de chevron*

搜图：

原因：显然不对，根据汉语定义，人字钢板是指的有凸起纹路的防滑钢板。通过钢材销售网站我们可以找到接近正确的术语：tôle striée。最后通过搜图方法去验证，得到如下图片：

因此证明：*tôle striée* 才是正确的译法。

# 第七章
# 工程技术法语翻译的校验技巧

为了提高工程技术法语翻译的准确性，提高译文的质量，避免由于翻译不准确而造成经济损失，校验是工程技术法语翻译译文必须经过的环节。

校验不是由他人进行的审稿程序，而是译者自行对译文准确性进行校对、查验的过程，是译者自己独立完成的工作。校验时，担当起检查者身份的译者，因为这种双重身份的特殊性，很难注意到或是发现自己译文中的一些问题，这就是常说的"不识庐山真面目，只缘身在此山中"现象。另外又由于工程技术法语翻译涉及的内容非常专业，术语与技术语言很多，一般意义的翻译检查也难以发现问题。除了前面介绍的工法翻译三原则和语言结构控制可以帮助检查和发现存在问题外，现在互联网技术也可以帮助实现校验的工作。

鉴于以上原因，对工程技术法语翻译的成果需要采用特定的方式，即应该采用"它方验证"的方式进行校验，这就是本章标题所说的"校验技巧"，通过这样的技巧，能客观地反映出译文是否准确的情况。

## 7.1 通过网络检验法语译文的文字准确性

在汉译法的时候，译者常常会因为文章专业性太强、自己的工程技术背景知识不足而出现对某些术语的翻译莫衷一是的状况，因为在词典类的参考书中有各种处理方法或说法，根本不知道选哪一个是合适的和正确的，而且也无法辨别其中各种说法之间的区别。另一方面，有时即使译文的语法、句法结构都符合规则，但其母语国家的人是否真的就这样表达？尤其是在某个专业领域是否有其独特表达法？这些都会给译者判断其译文准确性带来许多困难。如"校际交流"，法国的专业表达法是"la mobilité encadrée"，而不是我们常说的"les échanges interuniversitaires"。在工程技术法语翻译中，这类情况更多。如"中和汁"常被翻译为"le jus neutralisé"，而实际上在该行业中正确的说法是"le jus chaulé"。由于汉语和法语属不同的语系，差异非常大，不仅词的内涵与外延差异大，而且结构、搭配差异也很大。翻译中，被译者所了解的部分，可以调用正确的表达法进行翻译。但是在工程技术法语翻译中经常会遇到许多未见过、不知晓的表达法、术语与技术语言。也许译者可以参考词典，按照翻译的规律进行翻译。但翻译的结果是否正确？在该专业领域中是否有这种提法？这些都难以一般的法语翻译校验方法去衡量。

最好的解决办法就是上网验证，通过进入相关专业的正规网站，检查自己的译文的说法是否存在，这样就可以判定译文的准确性。例如：笔者在翻译肯尼亚体育场设计说明时，遇到了技术术语"挑棚"。

根据原文的上下文知道，这里的"挑棚"指的是体育场看台上方遮阳挡雨的棚子。汉法词典找不到这个术语，只得自行翻译，已知：

"棚子"是：abri, hangar, tonnelle, tente, masure, hutte, cabine.

"挑"是：porter, lever, soulever, etc.

"挑"是修饰"棚子"的，所以译为：le hangar porté。

验证：将 hangar porté 输入与建筑有关的任何法语网站搜索，根本没有这样的组合。这就说明按该译法组合的词汇是按照汉语一厢情愿的翻译，对法国人来说，这种表达法是错的。

这就是"验证"。验证汉译法的正确与否就是看其译文在法语网站是否存在。验证的结果有三种可能。第一种是完全正确，可以正式采用；第二种是构词接近，只需稍微调整；第三种是完全不存在，须重新翻译。"挑棚"一词可采用第六章介绍的查词方法，很容易查出其正确的译文：la porte à faux。

另外注意，验证时，对需要验证的词组须加上双引号。双引号在法语网站的搜索引擎中表示全样搜索，即只搜索一模一样的，分开的、前后颠倒和词形有差异的全被排除，这样有利于快速、准确地查寻到实际需要的网页进行验证，做到校验的省时、高效。其它各种关键词输入技巧见本章第 7.3 节。

## 7.2 用网络搜图功能验证译文的准确性

由于译者并非专业技术人员，对许多术语的准确定义并不一定了解。图片具有直观、形象的特征，可以有效帮助译者判断译文的准确性。具体做法是：先将源语术语输入源语搜图网站，搜出相关图片，然后将翻译好的目标语术语输入目标语搜图网站，找出相关的图片，再通过对源语和目标语搜图网站搜索出来的图片进行对比，基本就能判别译文的准确性。当然，在搜图的时候，要注意判定图片的吻合度，因为网络图片的发布并没有严格的审查制度和学术界定，其严肃性不够，所以要学会去伪存真。所以在搜图的时候，一定要点开图片，查看图片的来源：是否来自相关的专业正规网站，旁边的文字说明是否与译文相对应，也就是说图片必须是相关专业正规网站且文字说明与译文能对应才能保证校验真实有效。这就是去伪存真的过程。

无论是汉译法还是法译汉，均可采用这种验证法。例如：

"打夯机"一词，词典上有多种法语译法：dameuse, tasseuse, compacteuse. 究竟选取哪一种是正确的？还是都可以？

首先，我们对"打夯机"和 dameuse, tasseuse, compacteuse 分别在中文网站和法语网站上进行搜图：

中文网站搜图结果：

法语网站搜图结果：

dameuse

Tasseuse

compacteuse

然后，通过对搜索出来的图片进行比对，确定正确的译文。

要说明的是，以上图片均出自正规网站。通过图片比对，不难看出，"打夯机"译为 compacteuse 最合适。Dameuse 是雪地滑雪道平整机，tasseuse 是垃圾运输车后部装车时的挤压装置。

又例：

有人将"螺纹钢"翻译成：le filetage en acier  L'acier ondulé

"螺纹钢"中文网站图片：

法语网站的搜图结果：

le filetage en acier

而 L'acier ondulé 这个词组在网上根本找不到，这估计是译者杜撰的。

另外 ondulé 是表示"瓦楞、波形"等。跟螺纹钢一点关系也没有，下面利用验证法找出的图片更能说明这一点。

如果根据本书第六章第 6.3.3.2 节的方法译成：le rond à béton crénelé，在法语网站搜出的图片如下：

与中文网站搜出的图片相比较，显然 le rond à béton crénelé 才是"螺纹钢"的正确译法。

## 7.3 法语网站搜索关键词的输入技巧

网络搜索——关键词输入技巧

| 输入符号 | 范例 | 结果 |
|---|---|---|
| +<br>ET | bride + plombier<br>bride ET plombier | 列出所有含 bride 和 plombier 这两个词的网页。 |
| – | bride - plombier | 列出所有含 bride 但不含 plombier 的网页。 |
| OU | bride OU plombier | 列出所有含 bride 或者含 plombier 的网页。 |
| « » | « bride pour le plombier » | 列出所有含 bride pour le plombier 这个完整词组的网页。适合整句搜索。 |
| ( ) | ( bride OU plombier ) - pression | 二次细化，即列出所有含 bride 或者含 plombier 的、但却不含 pression 的网页。 |
| * | aim* | 列出所有以 aim 开头的词的网页。并依照字母排列顺序。 |
| ** | chant** | 列出所有含与 chant 有关的各种词形的网页，如 chanson、chanter 等。并依照字母排列顺序。 |

下面的符号也可以达到同样的目的：

| codes | Exemple | résultat |
|---|---|---|
| **ET** **&** | commercial **ET** développement commercial **&** développement commercial développement | Affiche les résultats contenant chacun des mots-clés *commercial* **ET** *développement*, dans le titre ou la description de l'offre. **Note:** un espace entre les mots-clés équivaut à utiliser l'opérateur **ET** ou **AND** |
| **OU\|** **ET SANS** **!** | commercial **OU** développement commercial **\|** développement commercial **ET SANS** développement commercial **!** développement | Affiche les résultats contenant l'un ou l'autre des mots-clés *commercial* **OU** *développement*, dans le titre ou la description de l'offre. Affiche les résultats contenant le mot-clé *commercial* mais excluant le mot-clé *développement*, dans le titre ou la description de l'offre. |
| **( )** Utilisez les parenthèses pour séparer les sous-ensembles de mot-clé | (commercial **OU** développement) **ET SANS** informatique | L'utilisation des parenthèses pour séparer des sous-ensembles de mot-clé aboutit à une recherche plus affinée. Vous pouvez employer n'importe quel Opérateur Booléen pour séparer vos critères de recherche. |
| **" "** Utilisez les guillemets pour insérer des phrases complètes. | " ingénieur commercial " | Affiche les résultats contenant l'ensemble des mots-clés entre les guillemets dans le titre ou la description de l'offre. Si vous recherchez une expression exacte, employez des guillemets autour de l'expression lorsque vous entrez vos critères dans la boîte de recherche. |
| **\*** Utilisez l'astérisque comme caractère de remplacement. | dévelop* | Affiche les résultats correspondant à toutes les variations du mot-clé *dévelop* dans le titre ou la description de l'offre. Dans cet exemple, la recherche renvoie tous les résultats contenant *développement, développeur, etc. ...* |
| **\*\*** | chant** | Vous pouvez rechercher toutes les formes d'un même mot. Par exemple, dans le formulaire de recherche taper **chant\*\*** pour trouver *chant, chanson, chanter, chantant.* |

# 第八章
# 工程技术法语翻译的项目管理

## 8.1 翻译项目管理的基础理论

翻译项目管理是指项目管理者在特定的翻译工作中，遵循有限的时间和资源条件，科学地运用系统的理论和方法，对翻译项目涉及的全部工作实施积极有效的管理，从而实现项目的最终目标，即在特定时间内产生符合需要的翻译产品。

常见的主要流程：

**（一）译前准备**

项目的译前准备工作从被委托承担翻译项目开始，主要内容包括组建翻译小组、预先设定工作流程、项目分析、获取平行语料、高频术语的抽取和统一、任务分配六个方面。

**（二）翻译过程**

翻译过程是整个项目的关键环节，在这一过程中，翻译小组成员通过协同合作的方式，在规定的时间内，完成对原文本的初译。翻译的过程，从根本上说是解码与编码的过程，通过将源文本解码，然后再根据一定的语法规则和表达习惯编码成目的语，完成语言的转换。当今的翻译项目中，机器翻译扮演着十分重要的角色，项目各小组成员会首先利用翻译软件完成对源文本的预翻译，然后再人工进行再翻译以及译后编辑。

**（三）译后编辑**

译后编辑工作主要包括排版及编辑，译稿交付及质量反馈，主要是指翻译项目进行完成后要做的工作。排版与编辑是指使用各类办公软件将不同译员译稿的格式、字体、字号进行整合和统一，为后续的译稿交付做准备。

目前翻译界将翻译项目管理做得比较成熟的是翻译公司，而且主要是英语语种的翻译。造成这种局面的原因是英语语种的文件翻译业务需求量大，其它语种远不能及；另外是完成翻译项目管理的配套软件也是英语语种的最成熟，它语种很少有相关的支撑软件。尽管现实如此，但并不意味着工程技术法语翻译不能进行翻译项目管理。

# 8.2 工程技术法语翻译的项目管理

由于中国在法语国家外经外贸事业的蓬勃发展，各项招投标工程、经济技术合作项目都需要大量的工程技术法语翻译工作，为提高翻译的效率和质量，引入翻译项目管理十分必要。尤其是动辄几十页，甚至几百页的项目招投标、咨询项目等文稿的翻译，翻译工作量大，时间要求紧的情况下，必须集中翻译力量，协同工作，才能按时保质保量完成翻译工作。这就非常有必要将项目管理引入翻译中来，保障协同翻译的组织工作。

但在工程技术法语翻译中全面引入项目管理的条件并不具备，只能依现有的条件，部分分享翻译项目管理研究成果，开展其中几项工作。也就是说，须根据工程技术法语翻译的客观条件，因地制宜地改变其中的一些措施，使之更符合工程技术法语翻译的实际情况和需求。如目前还没有比较成熟的法汉汉法机器翻译软件，所以需要另辟蹊径，采用其它方法进行。

## 8.2.1 工程技术法语文件高频词汇的提取和统一

达到一定规模的工程技术法语翻译项目必须先提取高频词汇并加以统一，然后使用于整个翻译项目的文本，这样才能有效保证整个项目中术语翻译的一致性和准确性。同时，还能提高项目的效率，避免因重复劳动造成浪费。

### 8.2.1.1 汉语文本的高频词汇提取

目前，虽然因为汉语分词的难题，还没有出现比较成熟的汉语高频词汇提取软件，但是也有一些软件能在不考虑分词这一问题的情况下进行高频词汇提取，虽然其统计出的高频词汇存在词类较为混乱等问题，但通过人工甄别，基本能够达到提取高频词汇的目的。

下面以 Transmate 软件为例介绍，该软件可以在网上免费下载。具体操作方法：打开 Transmate 软件，点击"项目"——点击"创建项目"——对话框输入项目名称——设置语言对——点击确定生成项目——点击"打开项目"——出现"文件"对话框——点击"导入文件"——选择要翻译的汉语文章——导入完毕生成文本列表——选中要统计高频词汇的文件——点击"语料管理"——点击"术语萃取"——设定术语萃取的相关值——点击确定——出现"术语萃取显示"——人工判断并删除不属于术语的词汇——余下的即为高频词汇。

如下图，就是按照上面的方法筛选出的汉语源文本的高频词汇的结果：

| 删除 | 原文 | 译文 | 出现次数 |
|---|---|---|---|
| ☐ | 插座 | | 59 |
| ☐ | 线路 | | 47 |
| ☐ | 安装 | | 26 |
| ☐ | 开关 | | 23 |
| ☐ | 保护 | | 22 |
| ☐ | 接线 | | 20 |
| ☐ | 装置 | | 19 |
| ☐ | 差动 | | 17 |
| ☐ | 设备 | | 13 |
| ☐ | 保护装置 | | 12 |
| ☐ | 电源 | | 12 |
| ☐ | 供电 | | 11 |
| ☐ | 每个 | | 11 |
| ☐ | 控制 | | 11 |

☐全选　　删除　　导出Exel　　导入到术语

虽然有点麻烦，但还是要比人工快很多，而且比人工准确。

### 8.2.1.2 法语高频词汇的提取

其方法类似于汉语高频词汇的提取，仍然使用 Transmate 软件。但需要注意两点：一是在设定源语言时，一定要设置成法语。二是 Transmate 软件无法对一个词——单独词进行术语萃取，因为它的术语萃取对话框最短设定不能为"1"，至少为"2"，所以萃取出来的词汇要么有冠词，要么有其它修饰或搭配成分。也正是因为其萃取的筛选标准为两个词连在一起出现的频率次数，而不是某个独词出现的次数为筛选，所以就造成很多重复频率高的独词的显示不出来，或显示排序靠后，因而其筛选的结果不太准确。但毕竟双词频率高的情况也往往是由于其中一个词出现频率高才可能出现的情况，故同样可以凭借这些信息，通过人工介入，进行适当调整，也能得出比较准确的高频词汇表。其中技巧可以通过实践摸索和提高。

法语也有一些高频词汇统计的软件，如 Hermetic Word Frequency Counter，然而目前在国内很难找到可用的版本。基于以上情况，目前暂时可以采取人工借助 Transmate 软件解决。

### 8.2.1.3 高频词汇提取和统一的具体步骤：

具体的步骤是：（1）拆分文件到小组每个成员；（2）成员通览，用 Transmate 软件或通过人工浏览找出高频词汇或词组；（3）根据文章长短，设定频率次数标准，按标准确定高频词汇；（4）翻译高频词汇；（5）上报翻译组长审核统一，制成平行词汇表，发回组员；（6）组员采用软件查找或替代。

提取和统一高频词汇能有力保障后续翻译工作的统一性和准确性，大幅度提高翻译工作效率。

下面以一篇一千词汇的《招标细则》节选为例进行说明：

**GENERALITES**

Le présent article comprend tous les éléments de charpente bois nécessaires, constituant l'ossature des extensions du bâtiment, les contreventements, les pannes pour les couvertures, l'ossature pour les terrasses en couverture étanchée, les déposes et adaptations nécessaires aux extensions des couvertures existantes en tuiles, les déposes et adaptation des ouvrages de zinguerie nécessaires aux extensions des couvertures existantes, les ouvrages annexes, etc....

Les plans architectes définissent les volumes à mettre en œuvre, la position des divers éléments constitutifs de la charpente et les modules. L'entrepreneur aura à sa charge toutes les études techniques et il définira en justifiant ses calculs, le type, les assemblages et les éléments de la charpente qu'il propose. Il devra dans tous les cas respecter les dispositions réglementaires imposées par les D.T.U., principalement pour la qualité des bois et la réalisation des assemblages.

Dans le cadre du prix forfaitaire, l'entrepreneur devra toutes les sujétions de fourniture et de mise en œuvre et notamment:

• Les études, calculs, dessins, devis de poids et les nomenclatures nécessaires à l'établissement du projet et à l'exécution des constructions bois suivant les dispositions des règles en vigueur.

• La fourniture des matières entrant dans la composition des ouvrages, y compris pièces spéciales.

• La mise en œuvre de ces matières, comprenant l'usinage et l'assemblage en atelier.

• Le chargement à l'usine, le transport et le déchargement à pied d'œuvre.

• L'établissement des aires de montage.

• Toutes manutentions, transports et main d'œuvre nécessaires pour le montage, le réglage, l'assemblage définitif et le scellement des charpentes.

• La fourniture des échafaudages, engins et appareils nécessaires au montage.

• L'exécution des épreuves de chargement prévues dans les textes officiels, y compris fourniture et mise en place des charges et appareils de mesure.

Cette liste n'est pas limitative et l'entrepreneur devra l'ensemble des fournitures et frais de main d'œuvre nécessaire à la finition complète des ouvrages.

L'entrepreneur adjudicataire devra faire toutes observations et toutes réserves, s'il estime que la conception de certains ouvrages est incompatible avec la bonne tenue dans le temps ou avec la stabilité des ouvrages. Si ces observations ou réserves n'étaient pas formulées, la responsabilité de l'entrepreneur pourrait être seule mise en cause.

Il appartiendra à l'entrepreneur adjudicataire du présent lot, après études personnelles des portées et des charges à supporter, de définir les sections des bois. Il sera tenu de fournir tous justificatifs, notes de calcul, concernant les études de la charpente, ainsi que tous les plans d'exécution et plans de détails.

A partir des plans du dossier d'appel d'offres, l'entrepreneur adjudicataire du présent lot aura à sa charge: Les études, les dessins d'exécution et de détail conformes à ses propres méthodes d'exécution, dans le cadre du présent descriptif.

Avant toute exécution, l'entrepreneur établira et soumettra à l'agrément de l'architecte et du bureau de contrôle, tous les dessins et notes de calcul qui comprendront pour chaque ouvrage : un descriptif, l'évaluation des charges permanentes ainsi que celles des surcharges, le calcul des éléments de l'ouvrage, détermination des efforts et des contraintes maxima, stabilité au flambement, assemblages, etc...

Les charpentes bois devront être calculées pour supporter les poids morts des complexes de couvertures, et les ouvrages annexes. En plus des surcharges dues à ces poids morts, l'entrepreneur tiendra compte des surcharges climatiques prises en compte dans les conditions précisées dans les textes normatifs en vigueur. A ces charges et surcharges s'ajouteront les charges suspendues en sous face des éléments de charpente, (faux- plafonds, luminaires, gaines, etc...), il appartiendra à l'entrepreneur titulaire du présent lot de se reporter aux plans des divers lots techniques pour le calcul de ces surcharges.

Il est bien entendu que dans le cas d'augmentation des sections des profils de charpente, et ce quelles qu'en soient les raisons, il ne sera alloué à l'entrepreneur aucune indemnité ou aucune augmentation de son offre de prix forfaitaire.

L'entrepreneur est tenu de décomposer son offre de prix forfaitaire, suivant les différents éléments de charpente mis en œuvre, avec l'indication des volumes prévus.

Les bois seront en sapin du nord pour la charpente traditionnelle et pour la charpente constituée de fermettes et en bois résineux d'importation pour la charpente lamellé-collé. Tous les bois de charpentes mis en œuvre, seront de la meilleure qualité, ils seront sains, sans flaches, nœuds vicieux, pourriture, échauffure, roulure, ils devront répondre aux qualités définies par les normes.

Les bois de charpente devant rester apparents, seront soigneusement rabotés et poncés sur toutes les faces vues. Tous les bois devront être traités conformément aux classes 2, (bois abrités), ou 3, (bois non abrités), de la norme N.F. B 50 100, (procédé par trempage minimum), avant prise en compte du risque des termites. L'entrepreneur devra la fourniture des certificats de traitement, (attestation de traitement préventif et étiquette informative du produit de traitement à communiquer au bureau de contrôle).

L'entrepreneur devra assurer le contreventement complet de toute la charpente et il devra prévoir également tous les chevêtres nécessaires pour les différents passages, (sorties hors toitures des groupes de V.M.C., des souches diverses, des lanterneaux, etc....).

Les crampons ou connecteurs, (plaques d'assemblage), utilisée devront avoir fait l'objet d'un avis technique. Les pièces métalliques servant à la fixation ou à l'ancrage seront protégées par une couche de chromate de zinc. Il devra être fait usage de pointes torsadées pour toutes fixations bois sur bois, les pointes directement soumises aux intempéries seront en acier cadmié.

L'entrepreneur du présent lot devra fournir à l'entreprise de gros œuvre, toutes les précisions concernant les emplacements, dimensions, etc... de toutes les engravures et trous à réserver dans les ouvrages de gros œuvre. Dans l'hypothèse d'une remise tardive de ces informations, les modifications qui s'avéreraient nécessaires, seront imputées à l'entrepreneur titulaire du présent lot.

Avant mise en œuvre de ses ouvrages, l'entrepreneur titulaire du présent lot, devra réceptionner les supports et il devra prévoir à sa charge toutes les réservations et les calfeutrements nécessaires à la mise en place des ouvrages de charpente. L'entrepreneur du présent lot devra s'entendre avec les entrepreneurs des lots ventilations et plomberie pour préciser les emplacements de toutes les sorties en toiture.

Le levage et le montage des divers éléments de charpente seront exécutés avec soin de manière à éviter toutes déformations et d'assurer leur mise en place exacte aux emplacements prévus. Des étais et des contreventements provisoires devront être prévus pour assurer la stabilité des ouvrages jusqu'au montage complet, aux réglages et aux scellements définitifs.

组员拿到上面分工的义段，通过浏览或用 Transmate 软件，可以非完全准确地找到一些高频词汇，通过办公软件自带的"查找"功能，可以知道高频词汇出现的次数。下列 10 个词出现总次数达 100 多次，翻译处理好这 10 个词，就解决了本段上千文字的 10%，可以达到事半功倍的效果。下面是人工查找高频词汇的结果：

| entrepreneur | 承包商 | 20 次 |
|---|---|---|
| charpente | 屋架 | 17 次 |
| bois | 木材 | 15 次 |
| charge | 负荷 | 13 次 |
| présent lot | 本标段 | 9 次 |
| élément | 部件 | 8 次 |
| surcharge | 超负荷 | 5 次 |
| couverture | 屋面 | 5 次 |
| assemblage | 拼接 | 6 次 |
| montage | 安装 | 5 次 |

组员将 10 个词初译的结果上报组长，组长将全部组员上报的结果进行归类、分析和统一，形成一个文件，返回给每个组员。该文件可能就是上百个词汇，成为本《招标细则》的词级平行语料库，提供给每个组员作为翻译模板。组员利用这个含有上百个词汇的模板，通过使用 Word 软件自带处理文件的"替换"功能，将文档中的相关词汇替换成统一的模板词汇，可成倍提高翻译效率和准确性。

目前汉译法可以采用 Transmate 翻译软件的"术语萃取"功能，它可以进行比较准确的汉语高频词汇统计，也可以提供法语高频词汇的信息。如果法语将来有成熟的统计词频软件，还可以进一步提高这项工作的效率和准确性。但即使没有，上述人工介入的方式也对整体翻译项目的质量提升和速度加快都有裨益。

## 8.2.2 工程技术法语平行语料库的建设

平行语料库是指：由源文文本及平行对应的译文文本构成的双语或多语语料库，其对齐程度可有词级、句级和篇级。从工程技术法语翻译的角度，其平行语料库主要进行句级平行对齐的工作，这样做的主要目的是能够查询专业术语在语句中的应用，了解术语在语境中的专门含义和语域中的翻译方法。本节着重讨论三个问题：（1）工程技术法语翻译为什么需要平行语料库？（2）怎么建平行语料库？（3）实用的平行语料库应注意什么？

### 8.2.2.1 为什么要建平行语料库？

工程技术法语翻译是在工程技术领域、项目和项目实施中的汉法互译，对任何一位法语专业出身的译员来说，有很多术语、表达式甚至背景知识都是未曾见过的，在翻译工作实践中，他们需要可供查询和借鉴的语料和经验，法汉汉法平行语料库正好能满足他们这方面的需要。

目前，工程技术法语翻译人员常常长期跟着一个项目从事翻译工作，这个项目的领域是确定的，如建设水电站、管理一个糖厂、纺织厂或打水井、建无线基站，甚至长期进行市场工作——专门负责招投标等，而在同一个领域工作，遇见相同术语、相同语句、相同文件格式和相同背景知识的机率非常大、重复率高，平行语料库可以为其后期的翻译工作提高效率、增加准确性和节约大量时间。

在工程技术法语翻译第一线会完成大量汉法互译文本，这些文本除了正常的质量审查外，还要纳入实际工作应用，即经过中外专业技术人员的实践应用，其准确性、专业性和数量要求都为建立工程技术法语翻译平行语料库创造了条件。

在一定领域内，如土建、保险、人事管理等各个专门领域，工程技术法语的法汉、汉法对应语料是相对稳定的。它不同于文学，后者更易受时间、主题和遣词造句习惯的影响，其平行对应关系变化很大。正因为工法平行语料的对应关系的稳定性，所以工法平行语料库的利用价值、时效性和适用范围都很可观。当然对于后来人的翻译质量也很有所帮助，所以其也具有很好的社会价值。

### 8.2.2.2 建库的具体步骤

（1）下载 Paraconc 软件，它是中国传媒大学平行语料检索软件。

目前可供建立平行语料库的软件很多， Paraconc 中文界面，操作简单，容易上手，而且是一款绿色软件，没有插件或跳窗，所以推荐这个软件。在其官方网站可以免费下载该软件。

（2）对齐平行语料，即制作符合 Paraconc 软件要求的文本。

制作方法较多，但根据工法翻译的特点，这里介绍双文本制作方法，即原文制作一个语料文本，译文制作一个语料文本。制作步骤如下：

a. 用 Word 将原文打开。

b. 清除所有"项目符号"，如果有的话。

c. 以句为单位分段，即每一句为一个段落，便于以后查询对应关系清楚。但要注意原文文本和译文文本都要在相同的地方分段，否则无法对齐。

d. (ctrl+a 组合键) 全选——开始——段落——配置"缩进"（左缩进 -0，右缩进 -0，特殊格式 - 无）——点击"确定"，消除了段前所有缩进的空格。（注意，只选择有右缩进的段落，不要选择没有缩进的段落，否则不能缩进。）

e. 点击"编号"，给每段编号。

f. 点击左上角"Office 按钮"，在下拉窗口点击"另存为"，出现对话框。

g. 在"另存为"对话框中，新建一个文件夹，名字自定。以后同一个领域的语料都可以装入该文件夹，它就是你要建的平行语料库。打开该文件夹。

h. 给文本命名：不管其是原文文本还是译文文本。中文文本命名为 ch-xxx, 法语文本命名为 fr-xxx。"ch-"和"fr" 前缀不能变，后面的名称自己确定，但原文文本和译文文本的"xxx"必须一致。

i. 在"文件保存类型"下拉框中选择"纯文本"，然后点击保存。

j. 在出现的"文件转换"对话框中，汉语文本选择"Windows 默认"，法语文本则选择其它编码，激活编码选择栏，点击"Unicode"。

k. 点击"确定"。保存语料文件成功。另一个平行文件依同样方法完成，就形成平行语料库。平行语料的一对文件需保存在一个文件夹中，当然一个文件夹中也可以保存若干对。

**注意：**原文文本与译文文本必须是断句或分段是完全相同的，否则要调整整齐，而且两个文本的编码完全相同。另外，不能有多余的空行，否则被视为一对文本没有对齐，造成检索不出。

（3）检索平行语料

a. 打开 Paraconc 软件。

b. 点击"一对一平行语料检索"。

c. 点击"调入语料即设置参数"。

d. 在"源文本目录"栏，选中平行语料所在的文件夹。

e. 点击确定，自动生成"保存到"文件夹。

f. 在"选择加载语料方式"栏中，勾选"双语分开保存在两个文本中"，中文文本前缀设置为 ch-，法语文本前缀设置为 fr-。

g. 点击顶上第二行的"检测中英对齐语料"，输入要检测的术语，在"检索结果显示区"会显示出所有相关的中法文平行语料。

在下载的 Paraconc 软件包中有详细的操作说明，需要更复杂的操作，可查询该使用说明。

### 8.2.2.3 建实用工法平行语料库的建议

（1）平行语料库不要求大，应该具有代表性和专业性，便于检索和应用。

（2）尽可能把句子划短，对应关系更清楚，使用效率高。

（3）语料可以随时添加，因为语料也是发展变化的。

（4）重点建词级的平行语料，对工法翻译非常有用。但以目前的技术，词级是通过句级来实现的。段级和篇级可暂不考虑。

### 8.2.3 工程技术法语译稿的质量控制

工法翻译的资料往往是实践性很强的文本，工程技术人员要借助这些文本进行实际的操作，如投标、签订合同、施工或制造，所以工法翻译的质量常常牵涉经济财务的盈亏，甚至于会在操作或施工中涉及人员生命危险，所以工法翻译质量有着文学翻译无法比拟的重要性。史上就有将高速列车雨刮翻译成"抹布"而丢失几亿美元合同的案例；也有因不了解背景知识，将维修工艺流程翻译错误，造成维修人员被高温高压蒸汽烫伤致命的案例；也有口译时，错将 mille 译成 million，让外方口瞪目呆，拂袖而去的案例。

但工法翻译不同于工程技术英语翻译，它有自己的特点，很难照搬英语翻译项目管理的"一审二译三校对"的质量控制操作规程。因为工法译员虽然有合作的时候，但更多是单枪匹马在项目上或项目的某个分部工作，所以在工法翻译控制上，需要采取一些新的措施和做法。

如果是集体完成的翻译项目，可以参照本章第一节的质量控制办法。本章节重点讨论单独完成翻译项目时，译后的质量检查应该注意的几个方面。工法翻译的译后检查也不同于英语翻译，后者可以借助机器检查，工法翻译目前还没有找到这样的软件，所以主要靠人工完成。关于翻译过程中的质量控制，在前面的章节，已经介绍了许多方法和措施。这些措施和方法应该得到实施和执行，如工法翻译的"验证"方法，现场咨询行业专业技术人员的措施等。这些方法和措施执行到位可以大大减轻译后的检查工作量。

根据工法翻译的特点，在独立完成的翻译项目的译后检查中，应该重点注意以下几个方面：

（1）准确性。通过语言、语法和逻辑性检查是否有理解上的错误、翻译的错误。

（2）是否有漏译。可以通过 Transmate 软件或 Paraconc 软件，逐句对照检查。

（3）术语的统一性和准确性。方法同（2）。

（4）格式是否符合规范。主要参照源文本的格式或其文本中规定的具体要求。

（5）行业表达习惯。可请身边的专业技术人员协助审查，探讨修改。

（6）法式汉语或中式法语。方法同（5）。

# 第九章
# 工程技术法语翻译的测评

要正确引导工程技术法语的研究及教与学，需设立全国统一的工程技术法语能力级别考试，以考试的风向标作用促进工法建设的规范化。所以需要研究工法级别考试考什么，怎么考的问题。下面就是对此问题的一些思考，当然对工法学习者的工法能力习得也有指导作用。

## 9.1 各种评估类型的回顾

前人总结了许多评估方式：总结性评估、形成性评估、诊断性评估。根据研究的侧重点不同，还划分为：内部评估与外部评估，连续性评估与临时性评估，直接评估与间接评估，表现评估与知识评估则，标准性评估与达标性评估，自我评估与互动评估。

法国 FLE 的专家 Chardenet 将外语学习的评估分成两类：内部评估和外部评估。内部评估在教师与学生之间进行，目的是了解某个或某些学生在自己学习过程中不利于学习进步的地方和因素。而外部评估是指有共同目标的学校都参加的评估。比如，TEF、TCF 考试，它们是巴黎工商会组织的考试，全世界都认可的考试。语言中心也给"专门用途法语"的受众提供各种证书，比如：《专业法语证书》、《商务法语 1 级和 2 级证书》、《法语文秘证书》和《法律法语证书》等。

无论是何种评估，《欧洲语言评估框架（2000）》都要求遵循三个基本的原则：

——有效性，一项有效的测试可以提供有关学生能力的准确信息。

——可靠性，这是一个技术术语，就是指学生两次参加同样的测试而其排名不会变化。

——可行性，这是一个主要的原则，尤其是因为测试者的时间有限，仅能获取被评估学生的表现的有限样本，所以评估模式必须是实用的，而且是可操作的。

在专门用途法语中，学生只是认准自己的需求，从而区别于其他受众。所以，确立评估程序的需求可以测评学生在各个语言能力上的水平，而测评是重点考察四种交际能力：听说读写。而工程技术法语不同于专门用途法语。工程技术法语是社会经济发展中所产生的、应用于国际经济技术交流与合作的应用法语的分支之一。它是研究法语在工程技术中使用的规律，及其术语、习语、体裁和语法特点的一门边沿分支学科。学习工程技术法语不仅要具备法语语言学的知识，也需要掌握工程技术的基础知识。其目的是应用工程技术法语的知识和能力解决与法语国家的经济技术合作和交流的沟通问题，有效和准确地当好中文和法文发话者和受话者之间的桥梁。所以，其重点应放在翻译能力的测评上。

## 9.2 工程技术法语翻译的测评形式

工程技术法语翻译能力的评估是一种总结性评估，目的是检测受试者实际翻译处理工程技术文件的水平，对受试者的检测主要包括对背景知识的了解、对基本术语和技术语言的掌握，解决疑难问题的能力，当然也包括法语的基本知识和能力。测评包括笔译和口译两个方面。

工程技术法语翻译能力的测评形式同样还要符合以下三个要求：有效性、可靠性和可行性。为了做到这三点，必须创造条件，实现外部评估，创立全国统一标准的工程技术法语翻译能力级别考试。目前实行的内部评估不能够实现考教分离，因而也没有证据证明其测评的有效性和可靠性。

要让外部评估切实可行，不仅考察的形式、内容要符合相关要求，同时还需要设立相关的机构，形成长效机制，均衡考试的标准。这目前也是工程技术法语翻译能力测评的软肋，是我们应该努力的方向。这样的考评机制实际上可以引导全国工程技术法语翻译的教学和培训向好的方向发展，让工程技术法语这门新兴边沿学科更规范、更欣荣和更有前景。同时也为用人单位合适地选聘法语人才提供了帮助。

## 9.3 工程技术法语翻译能力的测评内容

### 9.3.1 词汇的要求

9.3.1.1 工程技术法语的词汇分为"通用专业词汇"与"专门专业词汇"。通用专业词汇是指在大多数工程技术分支上都能用到的词汇，如温度、压力、含量、浓度、黏度、仪器、仪表、供水、供电、产供销等。专门专业词汇是指仅用于某个工程技术专业的词汇，如油捕、路肩、钠快堆等。工程技术法语不是针对诸如建筑或者核电等的某个特定专业，所以，测评只应该针对通用专业词汇。

9.3.1.2 工程技术法语测评的应该是词汇的专业意义，而非通用意义。一个词有通用意义，有时也有专业的意义。如 malaxage，其通用意义是"搅拌"，而专业意义之一是"助晶"，verre à pied 的通用意义是"高脚杯"，而专业意义之一是"量杯"。

### 9.3.2 文本的要求

对受试者过程性知识的测评实际上是指对受试者利用已学知识解决问题的能力的评估。工程技术法语的目的是应用工程技术法语的知识和能力解决与法语国家的经济技术合作和交流的沟通问题，有效和准确地当好中文和法文发话者和受话者之间的桥梁，故测评对文本的第一个要求就是中法文的互译能力。

工程技术法语翻译能力不同于普通法语中的翻译能力，也不是文学法语的翻译能力，而是国际工程技术合作中所涉及的中法互译能力。所以，测评对文本的第二个要求是真实性，即检测的是国际经济技术合作中真正采用的文件格式和文件内容。如：堤坝的招标书、电动机的使用手册或卷板机的检验报告。这其中有文件格式的真实性，也有内容的真实性。正如CHARDENET 所说："真实的评估才是评价学生是否达到了预期的教学目的真正标准。"实际上，这些标准都是在真正的职业环境和大学环境中形成的，所以也称作情境性评估。

工程技术文件不同于科普文章，科普文章更多是介绍原理，是描述性的语言，而工程技术文件有各种不同的语言格式，有使用说明书的步骤要求、有标准书的严谨，也有财务条款的精确。同时内容也是工程技术项目上使用的真实文件。所以，测评对文本的第三个要求是不能采用作家写的科普文章，而是工程技术人员撰写的工程技术文件。

测评对文本的第四个要求是要保障测试的准确性和可靠性，其准确性和可靠性不能因为测评内容难度而受到影响。文本的难度要符合所学的时间，不要为了一味追求测试内容的真实性，而忽略了受试者学习时间有限的特点。受试者在学习阶段主要是打好基础，为将来进入某一个专业奠定良好的工程技术法语知识和能力的基础。

## 9.4 工程技术法语翻译能力测评考试侧重点

### 9.4.1 准确性

这一条不容置疑，是任何翻译的最基本原则。但工程技术法语的要求却有所不同或说更高。小数点的转换就可能影响到金额的巨大变化；不同国家的钢材的牌号的转换也牵涉到对材质的要求；在词典中没有 arco 这个词，但究竟该翻译成什么？这方面的教训举不胜举。在测评中要突出对工程技术法语特有的翻译准确性的测评。

### 9.4.2 逻辑性

工程技术文件都具有较强的逻辑性，故翻译出来的文章也应该有逻辑性，否则肯定有错误。当然造成逻辑错误有各种各样的原因，但最常见的就是词义的选择、词典的选择、句法结构的理解不到位等。不能将一个词的专业意义错译成普通意义；不能在翻译路桥工程时选用海运专业词汇集的注释；当然，更不可以将句法的修饰关系搞错。为了保证逻辑性，上述各方面都是工程技术法语翻译能力测评的重点。

### 9.4.3 符合汉语表达习惯

在法译汉时，由于学生不是学工程技术专业的原因，往往采用全面直译的方法，有的甚至连语序都不改变，因而经常造成翻译出来的汉语文章连专业技术人员都看不懂。这是要重点避免的问题，也是学生要攻克的难关，当然也成了工程技术法语翻译能力测评的重点。

以上是对国家工程技术法语翻译能力级别测试的一些初步建议，目的是希望工法学习者或从业者在工法习得和工法实际工作中有意识地接受未来可能的测试要求，自觉调整侧重点，使之符合工法翻译的普遍要求和规律。

# 第十章
# 工程技术法语翻译人员的能力形成

本书虽然探讨的是工法翻译的实际操作问题，但也回避不了工法译员的职业生涯规划的问题，而后者又牵涉工法是不是 FOS（français sur objectif spécifique 专门用途法语）的问题。在弄清该问题的基础上，才能说清楚工法译员究竟需要哪些方面的能力，怎样形成或习得这些能力。

## 10.1 工法译员职业生涯的三个阶段

首先让我们回顾一下 FOS 的特点。第一个特点：FOS 的受众是赴法语国家和地区留学、做生意、就业的人，即法语非本人的母语，但要到法语国家和地区留学、谈生意或就业，所以需要学习某部分专门用途的法语；第二个特点：FOS 的学习者即语言使用者，仅为自己的学习、生意和工作的沟通，不是作为译员为别人沟通。

本书第一章谈到：工法和 FOS 有很大的差异，它不是 FOS。但从大多数工法译员职业生涯规划的角度来考虑，工法既不是 FOS，又是 FOS。下面我们通过工法译员职业生涯的三个阶段来说明。

工法译员职业生涯的三个阶段是：工法翻译能力形成阶段、工法翻译能力应用阶段和工法 + 专业能力阶段。这其实也是大多数工法学习者的职业生涯轨迹。

工法翻译能力形成阶段：是指工法学习者在具备一定法语知识和能力

的基础上，按照工法翻译所需要的几种能力，习得工法翻译能力的阶段。这一阶段重点在形成工程技术法语的口笔译能力，也是本章节要重点讨论的问题。

工法翻译能力应用阶段：是指工法学习者步入工法译员行列，在工法翻译第一线工作的阶段。这一阶段，为了翻译质量，身为译员必须在译前、译中和译后不断强化和提高工法翻译的能力，同时更要强化对专业背景知识和术语的学习和掌握，为第三阶段打下基础。

工法＋专业能力阶段：是指部分工法译员依靠第二阶段形成的能力，已能独立担当工程技术项目中除翻译之外的某项工作的阶段。凭借自己的工法语言知识和翻译工作中积累、掌握的专业背景知识，此时的工法译员既懂专业又懂语言，已不再是纯粹的译员，无需工程技术人员的情况下完全能独立开展工作，用一人工作模式取代之前的工法译员＋专业人员的二人工作模式。

工法职业生涯三段论的划分可以得出如下的结论：一、在大学阶段应该立足于学生对工法口笔译能力的习得，而不是要将其培养成专业技术人员。实际上是在普通法语的基础上，加上工程技术法语的内容和能力。二、工法职业生涯的终极目标是培养语言沟通能力极强的工程技术管理人才，而不是培养懂点法语的工程技术人员，而且第二阶段的提高和完善保证了这种过渡的顺利实现。实际上在现实中有数不胜数的例子可以证明这一点，不仅是工程技术这个领域，而且外交领域、外贸领域等都是这个规律，很多外交官的前身就是外事译员。三、第二阶段仅是工法职业生涯的一个过渡阶段，之后工法译员进入新的岗位，一个全新的岗位：法语工程技术管理人员——原来需要译员＋专业人员共同协作才能完成工作的岗位，这是扩充的岗位，因为它不是来自译员岗位，即不是抢同行的饭碗，而其身后的译员岗位又为后来的工法学习者提供了机会。有人认为工程技术人员也可以通过学习法语成为法语工程技术管理人员，事实上，由于汉语与法语之间的巨大差异，工程技术人员经过学习也许能用法语进行简单的沟通，但要独自面对复杂问题的沟通，如招投标、技术方案的制定等还有很多困难，远没有因长期从事工法翻译而懂工程技术专业的工法译员成为法语工程技术管理人员容易。从上可以看出，社会对工程技术法语人才有源源不断的需求，工法有很大的市场空间。所以要打好工法职业生涯起步阶段的基础，为后两个阶段做好储备。

同时，根据三个阶段的工作或学习内容的不同、以及 FOS 的基本特点，可以判断：工法在第一和第二阶段不是 FOS，但最终在第三阶段成为了真正的 FOS。根据工法译员发展三个阶段的规律，我们就可以围绕工法翻译能力进行讨论，厘清工法翻译能力是由哪几种能力构成的，也能解释清楚为什么会强调这几种细分能力。

## 10.2 工法翻译能力的构成

工法翻译能力是指工法职业生涯第一阶段所要习得的能力。这一阶段，工法学习者还没有进入某个领域从事翻译工作，重点是掌握通用的工法知识和能力，因为它是各个领域通用的，每个领域都离不开它。是为第二阶段做准备。具体的工法翻译能力是由以下几种细分能力构成，而且缺一不可：

### 10.2.1 普通法语知识能力

要做好工程技术法语翻译工作，首先要驾驭一般法语的听说读写译能力，应具备法语的语言知识、语言能力和语用能力。工法是法语的一部分，只不过是在专业领域使用的法语，所以没有一般意义的法语知识能力，不可能提升到工法知识能力。因而首先应该打好普通法语的扎实基础，而且是先于其它三项能力之前要完成的学习。

也有人认为，学好普通法语后，只要在实践中稍加锤炼，自然就能胜任工法翻译的工作。我们不排除这种可能性，因为参加工作后也能够学习，而且也需要学习。但此法有三弊：一是不能形成系统的通用工法知识与能力，这为后期的跨行业、跨领域工作埋下缺陷，增加了职业提升的难度；

二是没有专业人员或导师的指引，自己摸爬滚打，学习效果和效率都难以保证；而第三个弊端是最严重的——影响就业的质量，因为企业更愿意招聘有工法翻译基础和一定工法翻译能力的人。所以立志从事工法行业的学生应该争取在以下其它三个方面打下基础，准备好更强的职业融入能力，争取更好的就业平台。

## 10.2.2 工法通用专业术语能力

工法翻译也需要掌握一定的中文和法文专业术语，并具备术语翻译能力和术语的查询能力。其实术语是工法翻译一大难点，如果译员事前不了解、不能够翻译这些术语，而是在翻译工作中遇到后再去查询，这样的工法翻译工作既谈不上质量，更谈不上流畅和效率。所以作为工法译员，必须具备工法专业术语的能力。但专业术语浩如烟海，在第一阶段有限的时间内通常是不可能全部掌握的，因为作为个体，学习者既没有能力去掌握，也没有必要去掌握全部的术语。

我们可以把专业术语分为两类，第一类是每个行业都可能用到的，如闪点、浊点、压力、黏度、扭矩等，无论是纺织业还是土木工程都会用到，因为所有行业都需要对原料、材料或辅料以及成品、半成品的检测和生产环节的质量控制。这一部分术语我们称之为"通用"专业术语。第二类是仅有某个行业才使用的术语，如建筑业的剪力墙、挡土墙、山墙、女儿墙、面墙、墙基等，就属于只有建筑业才使用的专门专业术语。作为译员，如果没有进入建筑业的国际工程，可能一辈子都不会知道有这些专业术语的存在。这一部分的术语，我们将其称之为"专门"专业术语。第一阶段主要应该学习和掌握"通用"专业术语，不要求掌握所有的专业术语，因为一方面是不可能有这样的能力，而另一方面是你还不知道未来要进入哪个行业，也没有必要去学习某个行业的"专门"专业术语。当一个译员到了某个项目工作后，必须在掌握通用专业术语的基础上，去了解和掌握该行业的专门专业术语，而它们正是前面所述第二阶段的提升任务。"通用"专业术语是为驾驭"专门"专业术语打好基础，为第二阶段的实践提高做好准备，而且是有的放矢的准备。

另外，在大学阶段还要求学习者掌握查询专业术语和化解专业术语难题的能力。首先，现有的词典不可能穷尽所有的专业术语，总有一些专业术语由于各种原因没有进入普通词典或专业词典；其次，科学技术和工程技术日新月异，任何时候都会有新的专业术语产生，很有可能在翻译过程中会遇到一些新的专业术语；最后，有的词典会给出某个专业术语在同一个行业的多种释义或译法，所以需要工法译员具备查询和验证这类专业术语的能力。本书在第六、七章讨论了一些基本的方法，可以借鉴并自我训练，运用娴熟，以习得查询专业术语的基本能力。

### 10.2.3 工法通用文件格式能力

与文学作品有各种格式一样，工程技术法语中的文件资料也有各种各样的格式。文件格式是实现工程技术项目中各个目的的具体展现形式，也即：要实现某个目标，必须要以特定的格式来撰就。要投标，必须投标书的格式。对工程造价进行询价，对方回复的必然是概算书。从另一个角度看，知晓了某文件的格式也就知道了该文件的目的。而知道了文件的目的，就更能指导翻译，提高翻译的准确度和翻译质量。反之，搞错文件格式，就可能错误引导翻译处理工作，使译文无法实现源文所要求实现的目的。但要知晓某份文件资料属于什么文件格式，就需要提前在大脑中建立一个文件资料格式的图式网络，所以在第一阶段要习得工法文件格式辨别与处理的能力。

当然，第一阶段也不可能掌握所有的文件资料格式。同上文所述专业术语的情况一样，工法中的文件资料格式也分为两类：有适用于所有项目或行业的文件格式。如标准、工艺描述、产品检验报告、设计说明书、招投标书、概算书、合同、工资单等。这类文件资料格式，我们将其称之为"通用"文件格式。同样，某个特定专业也有自己有别于其它行业的专门文件格式，如电机铭牌、核电安全检查单、制糖混合汁 pH 值记录报告等。我们将这类文件格式称之为"专门"文件格式。这些专门文件格式属于第二阶段需要了解和掌握的能力，不是第一阶段所要学习的范围。本书第五章介绍了多种通用文件格式，可以为这方面的能力形成有所帮助。

### 10.2.4 通用工程技术知识能力

对一个行业或一个项目不了解，是不可能翻译出其相关的资料的，但在第一阶段不可能对所有行业和项目都能了解，所以应该了解和学习每个行业都会牵涉到的通用工程技术知识，如几乎每个行业都会用到的供水、供电、供汽、机械、动力、电机等方面的知识。在学习这些知识的时候，应该中法文对照学习，这有助于以后的工法翻译。但要注意，我们在第一阶段学习通用工程技术知识，其目的是为了能够驾驭工法翻译工作，不是为了利用工程技术知识去完成工程技术人员的工作，如设计一幢大楼、安装一台电机、维修一条线路等。这是为了把握一个"度"，要利用有限的第一阶段时间打好基础，为第二阶段进入某个行业做准备。也许工法译员在第三阶段能完成某些工程技术管理人员的工作，但那是工法第三阶段的任务，是通过第一阶段的基础学习和第二阶段的实践学习和训练储备的能力，不属于第一阶段工法翻译能力形成的范围。

## 10.3 寄语

综上所述，工法翻译能力的基础是普通法语能力，术语能力、格式能力和专业知识能力，这四项基本能力缺一不可，是构建工法知识和工法翻译能力的要件。同时培养工法翻译基本能力是大学阶段应该完成的任务，而大学学习时间有限，要在短时间习得工法翻译的基本能力，需在学习的知识范围上作出科学合理的选择，要根据上述四项基本能力的要求，以"通用"为原则，进行科学的甄别，选择合适的学习文本，可以使能力形成的过程更合理、更有效率，从而达到事半功倍的效果，另一方面也更能与毕业后的将要从事的行业或工作岗位对接，具有更为广阔的适应范围。

除此之外，还应注重实践训练，增大练习量，反复和创新的训练才能提高工法的能力，实现从量变到质变的飞跃。反复是指针对不同体裁的文章多做训练，针对不同载体的素材多做练习；创新是指在实践中要努力探索和开拓新的翻译处理方法和技巧，不仅要会用本书介绍"英语借道法"、"搜图验证法"、"专业词汇集"、"高频词汇提取"、"销售网站"、"中法网站信息对比"、"计量单位比较"、"修饰语处理法"、"牌号处理法"、"标准转换法"、"型号参照法"、"三原则要求"、"图纸译文定位法"和"格式语对应翻译"等，还能根据自身所处环境的变化而发现和利用创新性的方法和技巧，以保证工法翻译的质量。因为工法译员在进入职场后，每个人所要面对的环境和条件是千差万别的，有的网络畅通，有的图书资料完善，有的甚至还有本土译员作伴，所以要根据各种不同情况，创新性地利用本书所介绍的方法，努力提高工法翻译的质量和效率。

工法职业生涯的三个阶段都需要语料库的支撑，如果把翻译工作比作登山，语料库就如一根登山杖，能克服登山过程中的诸多困难，助你登上更高的山。本书第八章介绍了工法语料库的建设方法。语料库不仅有助于翻译工作，而且有助于工法职业生涯三个阶段任务的完成。第一阶段可以帮助训练翻译和训练对语料库的建设与使用的能力；第二阶段主要可提高翻译的质量和效率；第三阶段使用语料库可查询曾经的工程史料，帮助做出更好的决策。所以工法语料库不仅是专业术语的语料库，也不仅是文件格式的语料库或背景知识的语料库，更是工程技术法语职业生涯的数据库，所以对工法从业人员意义重大。语料库不是一朝一夕可以建立起来的，所以在工法口笔译翻译能力形成的第一阶段就要开始建立，从最基础的"通用"部分的语料开始建设。要利用第一阶段的同学群人数优势，分工协同集体完成，为未来的职业生涯腾飞的翅膀添羽加翼，为未来的职业生涯飞得更高创造条件。

# 参考文献

1. 欧洲理事会文化合作教育委员会 . 欧洲语言共同参考框架 [M]. 刘骏 , 傅荣 , 译 . 北京 : 外语教学与研究出版社，2008.

2. 曹德明 , 王文新 . 中国高校法语专业发展报告 [M]. 北京 : 外语教学与研究出版社，2011.

3. 王华伟 , 王华树 . 翻译项目管理实务 [M]. 北京 : 中国对外翻译出版公司，2013.

4. 吕乐 , 闫栗丽 . 翻译项目管理 [M]. 北京 : 国防工业出版社，2014.

5. 沈光临 . 工程技术法语 [M]. 大连 : 大连理工大学出版社，2012.

6. Y · 德拉图尔 , D · 热纳潘 , M · 莱昂 - 杜富尔 , B · 泰西耶 . 全新法语语法 [M]. 毛意忠 , 译 . 上海 : 上海译文出版社，2006.

7. 陈永 , 潘继明 . 新编五金手册 [M]. 北京 : 机械工业出版社，2010.

8. C.-E. Godard, S.Godard, P.Pinteaux. *Le petit Compta*. DUNOD, 2013

9. Ph. Monnier . *Le petit de la Banque*. DUNOD, 2013.

10. L. Siné . *Le petit Droit des sociétés*. DUNOD, 2013.

11. E. Disle, J.Saraf . *Le petit Fiscal*. DUNOD, 2013.

12. Philippe Guillermic . *La comptabilité pas à pas*. Vuibert, 2013.

13. Jean-Pierre Cuq, Isabelle Gruca . *Cours de didactique du français langue étrangère et seconde*. Presse universitaire de Grenoble, 2005.

14. Laurence Thibault . *Exercices de comptabilité pour les nuls.* FIRST, 2011.

15. E. Szilagyi . *Affaires à suivre.* Presse universitaire de Grenoble, 1997.

16. Laurent Batsch . *La comptabilité facile.* Marabout, 2003.

17. Margaret Pooley, Claude Bétrancourt. *Activités commerciales et comptables.* Nathan, 2001.

18. Jean-Luc Penfornis. *Affaires.com.* CLE, 2003.

**参考网页：**

http://www.ladocumentationfrancaise.fr/dossiers/d000124-la-francophonie/les-francophones-dans-le-monde

http://grammaire.reverso.net/1_2_07_La_proposition_incidente.shtml

http://lingo.stanford.edu/sag/L221b/Bonami-etal.01.pdf

http://www.le-fos.com